丛书顾问　文历阳　沈彬

全国中等卫生职业教育工学结合"十二五"规划教材

生物化学基础

供护理、助产、药学、医学检验、口腔等专业使用

主　编　王晓凌　赵忠桂

副主编　白冬琴　张　健　罗海勇

编　者　（以姓氏笔画为序）

马红雨（河南省开封市卫生学校）

王晓凌（邢台医学高等专科学校）

王健华（邢台医学高等专科学校）

白冬琴（陕西省咸阳市卫生学校）

张　健（大连大学职业技术学院）

罗海勇（湖南环境生物职业技术学院）

赵忠桂（湖南环境生物职业技术学院）

章敬旗（安庆医药高等专科学校）

华中科技大学出版社

http://www.hustp.com

中国·武汉

内 容 简 介

本书是全国中等职业教育工学结合"十二五"规划教材。

本书按"必需、够用"的原则和"以服务为宗旨、以就业为导向"的办学理念来编写,每章均设有"能力检测",从而使教与学目标明确、学与练紧密接轨。

本书共十四章,除介绍了常规的生物大分子的结构与功能、物质代谢与生物合成等内容以外,删除了与其他课程重复的内容,保留了血液生物化学的部分内容,还增加了癌基因和基因治疗的有关内容。

本书适合护理、助产、药剂、检验、医学影像技术等专业使用。

图书在版编目(CIP)数据

生物化学基础/王晓凌 赵忠桂主编. —武汉:华中科技大学出版社,2011.1(2021.1 重印)
ISBN 978-7-5609-6718-9

Ⅰ.生… Ⅱ.①王… ②赵… Ⅲ.生物化学-专业学校-教材 Ⅳ.Q5

中国版本图书馆 CIP 数据核字(2010)第 212472 号

生物化学基础   王晓凌 赵忠桂 主编

策划编辑:陈 鹏
责任编辑:史燕丽
封面设计:范翠璇
责任校对:朱 玢
责任监印:周治超
出版发行:华中科技大学出版社(中国·武汉)   电话:(027)81321913
         武汉市东湖新技术开发区华工科技园   邮编:430223
录 排:武汉正风天下文化发展有限公司
印 刷:广东虎彩云印刷有限公司
开 本:787mm×1092mm 1/16
印 张:12.75
字 数:285 千字
版 次:2021 年 1 月第 1 版第 5 次印刷
定 价:32.00 元

全国中等卫生职业教育工学结合
"十二五"规划教材编委会

丛书顾问

文历阳　沈　彬

委员（按姓氏笔画排序）

丁亚军	河南省邓州市卫生学校	马恒东	雅安职业技术学院
牛培国	河南省新乡市卫生学校	邓晓燕	西双版纳职业技术学院
伍利民	陕西省咸阳市卫生学校	刘　红	雅安职业技术学院
闫天杰	河南省周口卫生学校	许煜和	新疆伊宁卫生学校
陈礼翠	广西桂林市卫生学校	周　凤	陕西宝鸡亚太专修学院
周殿生	武汉市第二卫生学校	赵小义	陕西省咸阳市卫生学校
赵学忠	延安市卫生学校	贾亚利	江汉大学卫生职业技术学院
禹海波	大连铁路卫生学校	彭厚诚	黑龙江省齐齐哈尔市卫生学校
傅克菊	湖北省潜江市卫生学校	蒙　仁	广西壮族自治区人民医院附属卫生学校
雷巍娥	湖南环境生物职业技术学院	潘丽红	安庆医药高等专科学校

秘　书

厉　岩　王　瑾

总　序

近年来,随着社会、经济的发展,我国的中等职业教育也快速发展,教育部《关于进一步深化中等职业教育教学改革的若干意见(2008)》明确提出要大力发展中等职业教育,提出中等职业教育要满足社会对高素质劳动者和技能型人才的需要,要坚持"以服务为宗旨、以就业为导向"的办学理念,大力推进工学结合、校企合作的人才培养模式。教材是教学的依据,在教学过程中、人才培养上具有举足轻重的作用。但是,现有的各种中等卫生职业教育的教材存在着各种问题:是本专科教材的压缩版,不符合中等卫生职业教育的教学实际,也不利于学生考取执业证书;内容过于陈旧,缺乏创新,未能体现最新的教学理念;版式设计也较呆板,难以引起学生兴趣。因此,新一轮教材建设迫在眉睫。

为了更好地适应中等卫生职业教育的教学发展和需求,体现国家对中等卫生职业教育的最新教学要求,突出中等卫生职业教育的特色,华中科技大学出版社在认真、广泛调研的基础上,在教育部卫生职业教育教学指导委员会专家的指导下,组织了全国30多所设置有中等卫生职业教育护理等相关专业的学校,遴选教学经验丰富的一线教师,共同编写了全国中等卫生职业教育工学结合"十二五"规划教材。

本套教材充分体现新教学计划的特色,强调以就业为导向、以能力为本位、以岗位需求为标准,按照技能型、服务型高素质劳动者的培养目标,坚持"五性"(思想性、科学性、先进性、启发性、适用性),注重"三基"(基本理论、基本知识、基本技能),力求符合中职学生的认知水平和心理特点,符合社会对护理等卫生相关人才的需求特点,适应岗位对护理专业人才知识、能力和素质的需要。本套教材的编写原则和主要特点如下。

(1) 严格按照新专业目录、新教学计划和新教学大纲的要求编写,教材内容的深度和广度严格控制在中等卫生职业教育教学要求的范畴,具有鲜明的中等卫生职业教育特色。

(2) 体现"工学结合"的人才培养模式和"基于工作过程"的课程模式。

(3) 符合中等卫生职业教育的教学实际,注重针对性、适用性以及实用性。

(4) 以"必需、够用"为原则,简化基础理论,侧重临床实践与应用。多数理论课程都设有实验或者实训内容,以帮助学生理论联系实践,培养其实践能力,增强其就业能力。

(5) 基础课程注重联系后续课程的相关内容,临床课程注重满足执业资格标准和相关工作岗位需求,以利于学生就业,突出卫生职业教育的要求。

(6) 紧扣精品课程建设目标,体现教学改革方向。

（7）探索案例式教学方法,倡导主动学习。

这套教材编写理念新,内容实用,符合教学实际,注重整体,重点突出,编排新颖,适合于中等卫生职业教育护理、助产、涉外护理等专业的学生使用。这套新一轮规划教材得到了各院校的大力支持和高度关注,它将为新时期中等卫生职业教育的发展作出贡献。我们衷心希望这套教材能在相关课程的教学中发挥积极的作用,并得到读者的喜爱。我们也相信这套教材在使用过程中,通过教学实践的检验,能不断得到改进、完善。

全国中等卫生职业教育工学结合"十二五"规划教材
编写委员会
2011 年 1 月

前　言

近年来,我国的中等职业教育发展十分迅速,国家提出卫生职业教育要紧密围绕岗位需求和以培养技能型人才为目标,坚持"以服务为宗旨、以就业为导向"的办学理念,大力推进工学结合、校企合作的人才培养模式。这就要求生物化学教学必须以学生职业发展为根本,以学生就业为导向,淡化学科界限,使基础理论教学能有效服务于后续专业课程。为了与教学改革相适应,教材改革势在必行。中等职业学校护理专业生物化学教材应避免过于强调知识的完整性和系统性,把中等职业学校教材编成本科教材的"压缩版";也应避免片面追求新颖的形式,而缺乏实质内容,把中等职业学校教材编成生物化学知识的提纲。

本教材以满足学生岗位需要和职业发展为目标,精心设计教材的结构体系,突出基础知识、基本理论和基本技能,紧密联系临床实际,使教材具有科学性、先进性、思想性、实用性和启发性。本教材按照以下原则编写。

(1)教材内容以"必需、够用"为原则,缩减繁难的物质结构和物质代谢过程,突出基本知识和基本技能。但也考虑学生个体差异和继续深造的需要,保留部分较难的支撑性知识。

(2)教材应体现出本学科的新进展、新技术及新理论,但以成熟理论和技术为入选标准,尽量避免引入有争议性的理论和技术。

(3)教材做到科学性、先进性、思想性、实用性和启发性相结合,充分考虑中专学生的年龄特点和知识水平,使教材易读、易懂。

(4)尽量方便教师教学和学生复习,每章后附有"能力检测"。

教材共十四章,包括绪论、蛋白质的结构与功能、核酸的结构与功能、酶、维生素、生物氧化、糖代谢、脂类代谢、氨基酸代谢、核酸代谢和蛋白质的生物合成、物质代谢的联系与调节、癌基因与基因治疗、血液的生物化学和肝的生物化学。

参加本教材编写的教师都具有丰富的教学和科研经验,全体参编人员以严谨的工作作风、团结协作的精神完成了编写任务。本教材倾注了各位编者的大量心血,但由于编者能力和水平有限,教材中难免存在不足之处,诚请专家和广大读者提出宝贵意见。

王晓凌　赵忠桂
2011 年 1 月

目　　录

目 录

第一章 绪 论

掌握 生物化学的概念。

熟悉 生物化学的基本内容。

了解 生物化学的发展过程,生物化学与医学的关系。

当你拿起这本书的时候,也许对"生物化学"这个名词还有些陌生,甚至觉得无从下手,但实际上它和我们息息相关,通过本课的学习,能让我们更清楚地了解自己,那就让我们从绪论开始慢慢地走进这个神奇的世界吧。

生物化学是研究生物体的化学组成及生物体体内发生的各种化学变化的科学。生物化学的任务是从分子水平来探讨生命现象的化学本质,所以又被称为生命的化学。生物化学是生命科学领域的前沿科学,在医学、农业和工业等领域应用广泛。

生物化学研究的是所有的生命形式,按照研究对象的不同可分为动物生物化学、植物生物化学和微生物生物化学等分支。其中,以人体为研究对象的生物化学称为医学生物化学,它是医学的一个组成部分,也是一门非常重要的医学基础课程。

一、生物化学的研究内容

(一)生物分子的组成、结构与功能

生物体是由无机物(水和无机盐)、小分子有机物和生物大分子组成的。其中重要的生物大分子有蛋白质、核酸、糖类、脂类等,小分子有机物有维生素等,这些都是生物化学研究的主要物质。各种生命现象的产生都是以物质为基础,我们首先要探讨生物分子的结构。而由于结构决定功能,如同鸟有翅膀才能飞翔,因此,学习生物体的物质组成、分子结构与功能,对认识生命,探讨生命的本质具有重要的意义。

(二)物质代谢与调节

生命的基本特征之一是新陈代谢。生物体在整个生命活动中,一方面不断从外界环境中摄取氧气和营养物质,用于合成自身组织,同时储存能量,这称为合成代谢;另一方面又不断将其自身组织进行分解,形成代谢废物排出体外,同时释放能量供机体需要,这称为分解代谢。这种通过机体与周围环境之间进行物质交换和能量交换来实现自我更新的过程,就是新陈代谢。新陈代谢过程中物质的合成与分解称为物质代谢。据估计,一个人在一生中(以 60 岁年龄计算),与外环境交换的物质,约相当于 60000 kg 水、10000 kg 糖类、1600 kg 蛋白质,以及 1000 kg 脂类。

机体内的代谢错综复杂但又相互联系。在一个细胞中,同一时间有近 2000 多种酶催化着不同代谢途径中的各种化学反应,并使其互不干扰、有条不紊地以惊人的速度进

行着,这是因为体内有完善的调节系统,一旦调节系统出现异常,就会引起物质代谢的紊乱,从而导致疾病的发生。例如,我们每天摄入的主食淀粉(糖类),在体内是如何变化的?为什么摄入后就感觉有力量了?这就是物质代谢。而当一个人糖代谢的调节系统出现问题时就会出现相应的疾病,如糖尿病。

生命活动是靠物质代谢来维持的,物质代谢及调控是生物化学研究和学习的重要内容。

(三)遗传信息的传递与表达

生命的另一重要特征是具有繁殖能力和遗传特性。生物体在繁衍后代的过程中,遗传信息代代相传。遗传的物质基础是 DNA,基因就是 DNA 分子上有遗传功能的片段。遗传信息通过一系列的传递过程,最终的结果是生成具有各种功能的蛋白质。遗传信息传递涉及遗传、变异、生长、分化等诸多生命过程,也与遗传疾病、恶性肿瘤、心血管病等多种疾病的发生机制有关。因此,基因信息的传递与表达过程及调控机制,是现代生物化学研究的中心环节。

二、生物化学的发展过程

(一)生物化学的萌芽阶段

生物化学的发展最早可以追溯到我国古代,那时就有很多我国劳动人民在生产和生活中利用生物化学知识和技术的先例。例如,公元前 21 世纪我们的祖先已能酿酒,这是我国古代用"曲"作"媒"(即酶)催化谷物淀粉发酵的实例;公元前 12 世纪之前,我们的祖先已能用豆、谷、麦等原料,制成酱、饴、醋等,这也是利用酶进行的生化过程;在我国汉代已能制作豆腐,这是蛋白质生物化学的应用;公元 7 世纪孙思邈用猪肝治疗雀目(夜盲症),实际就是用富含维生素 A 的猪肝治疗夜盲症。

(二)叙述生物化学阶段

18 世纪中叶至 19 世纪末,是生物化学发展的初级阶段,该阶段主要研究生物体的化学组成。期间重要的贡献有以下几点:①对脂类、糖类及氨基酸的性质进行了较为系统的研究;②发现核酸;③从血液中分离血红蛋白;④酵母发酵过程中"可溶性催化剂"的发现,奠定了酶学的基础等。

(三)动态生物化学阶段

从 20 世纪初期开始,生物化学进入了蓬勃发展的阶段。1903 年,德国学者纽伯(C. Neuberg)提出"生物化学"的名称,这一举动成为生物化学与其他学科脱离、走向独立学科的标志。直至 20 世纪 50 年代,生物化学又在许多方面取得了进展,如发现了很多激素、酶结晶获得成功等。

(四)分子生物学时期

20 世纪后半叶以来,生物化学飞速发展起来,其显著的特征是分子生物学的崛起。具有里程碑意义的是 1953 年 DNA 双螺旋结构模型的提出,同时它也是生物化学进入分子生物学时期的重要标志。此后,对 DNA 的复制、RNA 的转录及蛋白质的合成过程进行了深入的研究。20 世纪 70 年代,重组 DNA 技术的建立,使基因操作无所不能,而且使人们主动改造生物体成为可能。20 世纪末启动的人类基因组计划是人类生命科学中的又一伟大创举,它揭示了人类遗传学图谱的基本特点,并将为人类的健康和疾病的研究带来根本性的变革。

知识链接

人类基因组计划

人类基因组计划是于 1990 年正式启动的。它描述了人类基因组和其他基因组的特征,包括遗传图谱、物理图谱、基因组 DNA 序列测定等。整个计划前后有美国、英国、法国、德国、日本和中国共同参与,我国于 1999 年 9 月积极参加到这项研究计划中,承担其中 1% 的任务。2001 年 2 月,人类基因组草图被正式公布。人类基因组计划、曼哈顿原子弹计划和阿波罗计划并称为三大科学计划。

三、生物化学与医学

医学的任务是保障人类的健康、预防疾病和治疗疾病,而生物化学讲述的就是正常人体及疾病发生过程中体内的化学变化,因此医学的发展和生物化学的发展是紧密联系的。生物化学无论是在疾病的发生、诊断和治疗上都起着至关重要的作用。

(1)疾病的发生:生物化学从分子水平研究疾病过程中人体内的化学反应及代谢异常,能够从本质上认识疾病的发病机制。例如,夜盲症是由于缺乏维生素 A,白化病是由于先天性缺乏酪氨酸酶。

(2)疾病的诊断:当我们生病走进医院,首先要做的往往是抽血、取尿样,就是通过对血、尿的生化检验,查明是哪种物质代谢出现了异常,从而快速、准确地查明病因。因此,生化检验项目目前已成为医学检验的主要内容之一。例如,通过谷丙转氨酶的测定,能帮助诊断肝炎。

(3)疾病的治疗:现代医学越来越多地利用生物化学手段治疗疾病。例如,利用生物化学原理研制出了抗肿瘤药物 6-巯基嘌呤、白血病的治疗药物甲氨蝶呤等。

生物化学是一门必修的医学基础课程,又是生命科学中进展迅速的基础学科,其理论和技术已渗透到其他基础医学和临床医学的各个领域,在生命科学、医药卫生领域中具有越来越重要的地位。21 世纪,是生命科学的时代,而生物化学必将成为生命科学中的领先科学。一些对人类健康威胁最大的疾病(如恶性肿瘤、心血管疾病等)有可能通过生物化学手段被人类征服。

生物化学与护理学也是密不可分的。作为新时代的新型护理人才,要具备很多方面的能力,如护理基本操作技术、对常见病和多发病病情及用药反应的观察、对患者进行健康评估及健康教育、对大众进行卫生保健指导等,这些都与生物化学知识和技术紧密相关。因此,生物化学是护理学教育中非常重要的一门专业基础课。生物化学在护理学中的应用性知识可用于营养学、临床输液、临床护理观察和处理、生化检验、临床治疗用药等诸多方面。因此,学习生物化学知识,对 21 世纪的护理人才非常重要。

小　结

　　生物化学是研究生物体的化学组成及生物体体内发生的各种化学变化的科学。它从分子水平来探讨生命现象的化学本质,是生命科学领域的前沿科学。生物化学的研究内容包括生物分子的组成、结构与功能,物质代谢与调节,遗传信息的传递与表达等方面。生物化学是随着人类生活水平的提高、生活实践和科学实践活动的深入而逐渐发展起来的。1903 年纽伯提出"生物化学"这一名称,这是生物化学与其他学科脱离、走向独立学科的标志。医学的发展和生物化学的发展是紧密联系的。生物化学在疾病的发生、诊断和治疗上都起着至关重要的作用。

 能力检测

一、名词解释

生物化学

二、简答题

1. 生物化学的研究内容有哪些?
2. 简述生物化学与医学的关系。

（湖南环境生物职业技术学院　赵忠桂）

第二章 蛋白质的结构与功能

学习目标

掌握　蛋白质的元素组成及特点、基本组成单位；蛋白质的分子结构及其特点。
熟悉　氨基酸的分类；蛋白质的分子结构；蛋白质的各种理化性质。
了解　蛋白质的结构与功能的关系（分子病与构象病）。

蛋白质（protein）和核酸（nucleic acid）是组成生命体的最重要物质，核酸是遗传信息的携带者，蛋白质是遗传信息的执行者。蛋白质是各种组织器官的主要成分，它与所有的生命活动都有密切联系。例如，机体中催化一系列化学反应的酶是蛋白质，生物膜的主要组分是磷脂和蛋白质，物质转运时需要载体蛋白，调节物质代谢的激素有许多也是蛋白质，其他还有肌肉的收缩、血液的凝固、免疫功能、组织修复及生长、繁殖等功能无一不与蛋白质密切相关。可见，蛋白质是生命的物质基础，没有蛋白质就没有生命。

第一节 蛋白质的化学组成

一、蛋白质的元素组成

蛋白质的元素组成为碳（50%～55%）、氢（6%～7%）、氧（19%～24%）、氮（13%～19%）、硫（0～4%）。除此之外，有些蛋白质含有磷，少数还含有铁、铜、锌、锰、钴、钼等金属元素，个别蛋白质还含有碘元素（图2-1）。

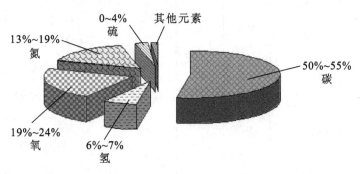

图 2-1 蛋白质的元素组成

各种蛋白质的含氮量很接近，平均为16%。由于体内组织的主要含氮物是蛋白质，因此只要测定生物样品中氮的含量，就可以按下式推算出蛋白质的大致含量。

$$样品中蛋白质含量(g) = 样品的含氮量(g) \times 6.25$$

二、蛋白质的基本组成单位——氨基酸

蛋白质可以受酸、碱或蛋白酶的作用而水解产生小分子的游离的氨基酸(amino acid)。存在于自然界中的氨基酸有 300 多种,但构成人体组织蛋白质的编码氨基酸只有 20 种。

氨基酸结构通式:组成天然蛋白质的氨基酸的氨基均连接在 α-碳原子上,因此被称为 α-氨基酸,其结构通式如下:

$$
\text{氨基} \rightarrow NH_2 - \overset{\overset{\displaystyle H}{|}}{\underset{\underset{\displaystyle R}{|}}{C}} - COOH \leftarrow \text{羧基}
$$

侧链基团

其中,R 代表侧链。各种氨基酸的差别就在于 R 侧链的不同。

氨基酸中存在 L-型和 D-型两种立体构型,组成天然蛋白质的氨基酸都是 L-型的。组成蛋白质的 20 种氨基酸根据结构不同,可分为脂肪族氨基酸、芳香族氨基酸和杂环氨基酸三类。表 2-1 列出了组成蛋白质的 20 种编码氨基酸。

表 2-1　组成蛋白质的 20 种编码氨基酸

中 文 名	英 文 名	缩　写		结　构　式
		三字符	一字符	
1.脂肪族氨基酸				
甘氨酸	glycine	Gly	G	$H - \underset{\underset{NH_2}{\mid}}{CH} - COOH$
丙氨酸	alanine	Ala	A	$CH_3 - \underset{\underset{NH_2}{\mid}}{CH} - COOH$
缬氨酸	valine	Val	V	$CH_3 - \underset{\underset{CH_3}{\mid}}{CH} - \underset{\underset{NH_2}{\mid}}{CH} - COOH$
亮氨酸	leucine	Leu	L	$CH_3 - \underset{\underset{CH_3}{\mid}}{CH} - CH_2 - \underset{\underset{NH_2}{\mid}}{CH} - COOH$
异亮氨酸	isoleucine	Ile	I	$CH_3 - CH_2 - \underset{\underset{CH_3}{\mid}}{CH} - \underset{\underset{NH_2}{\mid}}{CH} - COOH$
丝氨酸	serine	Ser	S	$HO - CH_2 - \underset{\underset{NH_2}{\mid}}{CH} - COOH$
苏氨酸	threonine	Thr	T	$CH_3 - \underset{\underset{OH}{\mid}}{CH} - \underset{\underset{NH_2}{\mid}}{CH} - COOH$

续表

中 文 名	英 文 名	缩 写		结 构 式
		三字符	一字符	
半胱氨酸	cysteine	Cys	C	HS—CH₂—CH—COOH 　　　　　| 　　　　　NH₂
蛋氨酸	methionine	Met	M	CH₃—S—CH₂—CH₂—CH—COOH 　　　　　　　　　| 　　　　　　　　　NH₂
天冬酰胺	asparagine	Asn	N	O 　　　‖ H₂N—C—CH₂—CH—COOH 　　　　　　　| 　　　　　　　NH₂
谷氨酰胺	glutamine	Gln	Q	O 　　　‖ H₂N—C—CH₂—CH₂—CH—COOH 　　　　　　　　　| 　　　　　　　　　NH₂
天冬氨酸	aspartic acid	Asp	D	HOOC—CH₂—CH—COOH 　　　　　　| 　　　　　　NH₂
谷氨酸	glutamic acid	Glu	E	HOOC—CH₂—CH₂—CH—COOH 　　　　　　　　| 　　　　　　　　NH₂
赖氨酸	lysine	Lys	K	H₂N—CH₂—CH₂—CH₂—CH₂—CH—COOH 　　　　　　　　　　　　| 　　　　　　　　　　　　NH₂
精氨酸	arginine	Arg	R	NH 　　‖ H₂NCNHCH₂CH₂CH₂—CH—COOH 　　　　　　　　　| 　　　　　　　　　NH₂

2.芳香族氨基酸

苯丙氨酸	phenylalanine	Phe	F	⬡—CH₂—CH—COOH 　　　　| 　　　　NH₂
酪氨酸	tyrosine	Tyr	Y	HO—⬡—CH₂—CH—COOH 　　　　　| 　　　　　NH₂

3.杂环氨基酸

脯氨酸	proline	Pro	P	CH₂—CH₂ |　　　| CH₂　CH—COOH 　|　| 　CH₂—NH

续表

中 文 名	英 文 名	缩 写		结 构 式
		三字符	一字符	
组氨酸	histidine	His	H	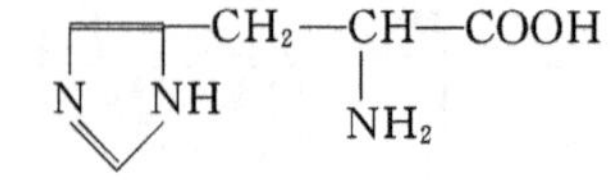
色氨酸	tryptophan	Trp	W	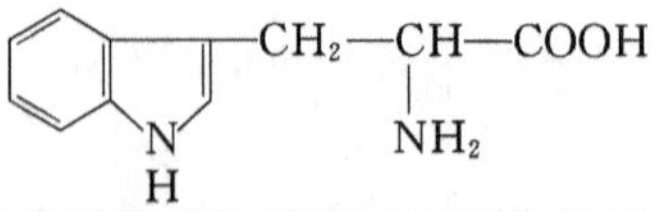

上述 20 种编码氨基酸都有各自的遗传密码。在人体内,一些特殊蛋白质分子中还含有其他氨基酸,如甲状腺球蛋白中的碘代酪氨酸、胶原蛋白中的羟脯氨酸及羟赖氨酸,还有某些蛋白质分子中的胱氨酸等,它们都是在蛋白质生物合成之后(或合成过程中)由相应的氨基酸残基修饰形成的。还有的是在物质代谢过程中产生的,如鸟氨酸(由精氨酸转变而来)等,这些氨基酸在生物体内都没有相应的遗传密码。

第二节 蛋白质的分子结构

蛋白质是由多肽链构成的生物大分子,具有三维空间结构,每种蛋白质都有特定的结构并执行独特而复杂的生物学功能。蛋白质结构与功能之间的关系非常密切。在蛋白质研究中,一般将蛋白质分子分为一、二、三、四级结构,其中一级结构又称基本结构,后三者统称空间结构。在蛋白质分子中肽键称为主键,相对于肽键,其他化学键都称为次级键。肽键是维持蛋白质一级结构的主要化学键,次级键主要维持蛋白质的空间结构。

$$
\text{蛋白质分子中的化学键}\begin{cases}\text{主 键:肽 键} & \text{共价键}\\[1ex]\text{次级键}\\(\text{副键})\end{cases}\begin{cases}\text{二硫键}\\\text{氢 键}\\\text{盐 键}\\\text{疏水键}\\\text{范德华力}\end{cases}\text{非共价键}
$$

一、肽键与肽键平面

在蛋白质分子中,氨基酸之间是以肽键相连的。肽键就是一个氨基酸的 α-羧基与另一个氨基酸的 α-氨基脱水缩合形成的酰胺键(图 2-2)。

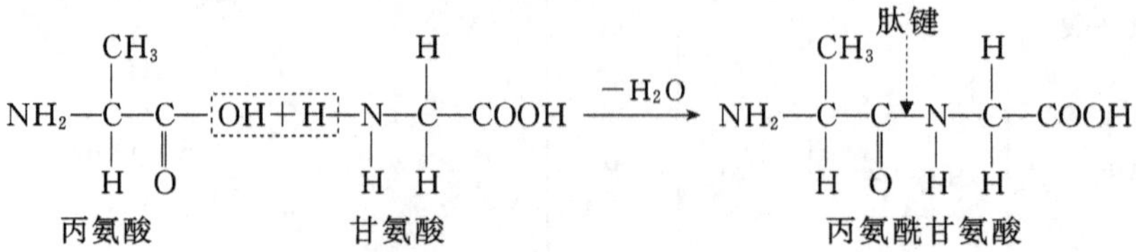

图 2-2　肽键的生成与肽

肽键中C—N键的性质介于单、双键之间,具有部分双键的性质,不能旋转。肽键周围三个键角之和为360°,说明构成肽键的四个原子C、O、N、H及其相邻的两个α碳原子(C_α)位于同一平面,这个平面被称为肽键平面,肽键平面上的六个原子构成肽单元(图2-3)。肽链中α-碳原子与C或N所形成的单键能够旋转,单键的旋转决定相邻两个肽单元平面的位置关系,于是肽单元成为肽链盘曲折叠的基本单位。

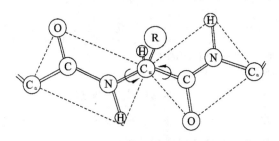

图2-3 肽键平面

氨基酸之间通过肽键联结形成的化合物称为肽(peptide)。两个氨基酸形成的肽叫二肽,三个氨基酸形成的肽叫三肽,以此类推。一般将十肽以下统称为寡肽,十肽以上称为多肽或多肽链(图2-4)。组成多肽链的氨基酸在相互结合时因脱水缩合而基团不全,故称为氨基酸残基。

氨基酸残基

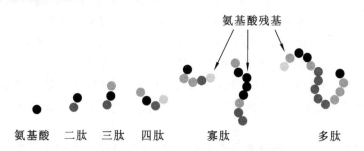

氨基酸　二肽　三肽　四肽　　　寡肽　　　　　多肽

图2-4 二肽、三肽、寡肽、多肽与氨基酸残基示意图

在多肽链中,肽链的一端保留着一个α-氨基,另一端保留一个α-羧基,带α-氨基的末端称为氨基末端(或N端);带α-羧基的末端称为羧基末端(或C端)。N端写在左侧,用"H—"表示,C端在右侧用"—OH"表示。从左至右依次将氨基酸的中文或英文缩写符号列出,如:

H-甘-丙-谷-亮-丙-甘-缬……组-异-丝-蛋-OH

氨基酸的命名也是从N端指向C端,肽的命名方法为××酰××酰……××酸。例如,丙氨酸和甘氨酸脱水形成的二肽称为丙氨酰甘氨酸。

二、蛋白质的一级结构

蛋白质的一级结构就是蛋白质多肽链中氨基酸的排列顺序,也是蛋白质最基本的结构。维持蛋白质一级结构的主要化学键是肽键。

胰岛素是世界上第一个被确定一级结构的蛋白质,由A、B两条多肽链组成,共有

51 个氨基酸残基(图 2-5)。

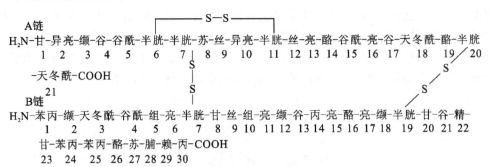

图 2-5　牛胰岛素的一级结构

在牛胰岛素的分子中共有 3 个二硫键,1 个位于 A 链内,2 个位于 A、B 链之间,它们都是由两个半胱氨酸残基的巯基脱氢形成的。

胰岛素的发现和应用

胰岛素于 1921 年由加拿大人班廷(Banting)和贝斯特(Best)首先发现。1922 年开始用于临床,使过去不能治愈的糖尿病患者得到挽救。

1953 年英国桑格(Sanger)小组测定了牛胰岛素的全部氨基酸序列,开辟了人类认识蛋白质分子化学结构的道路,而此研究在生命科学中的重要性也使桑格荣获 1958 年的诺贝尔化学奖。1965 年 9 月 17 日,中国科学家人工合成了具有全部生物活力的结晶牛胰岛素,它是第一个在实验室中用人工方法合成的蛋白质。

最初用于临床的胰岛素几乎都是从猪、牛胰脏中提取的。不同动物的胰岛素组成均有所差异,但与人胰岛素相比,猪胰岛素中有 1 个氨基酸与人体不同,牛胰岛素中有 3 个氨基酸与人体不同,因而易产生抗体。现阶段临床最常使用的胰岛素是利用生物工程技术生物合成的高纯度的人胰岛素,其氨基酸排列顺序及生物活性与人体本身的胰岛素完全相同。

体内蛋白质的种类繁多,一级结构各不相同。当组成蛋白质的 20 种氨基酸按照不同的序列关系组合时,就可以形成多种多样的一级结构,进一步形成不同的空间结构,最终形成纷繁复杂的具有不同生物学活性的蛋白质分子,完成各种生理功能。

三、蛋白质的空间结构

蛋白质分子的多肽链并非呈线性伸展,而是折叠和盘曲构成特有的比较稳定的空间结构。

1. 蛋白质的二级结构

蛋白质的二级结构是指多肽链中主链盘曲折叠形成的局部空间结构,不涉及侧链部分的构象。二级结构的主要形式有 α-螺旋、β-折叠、β-转角和无规则卷曲。

(1)α-螺旋 Pauling 等人对 α-角蛋白进行了 X 线衍射分析,推测蛋白质分子中有重复性结构,并认为这种重复性结构为 α-螺旋(图 2-6(a))。

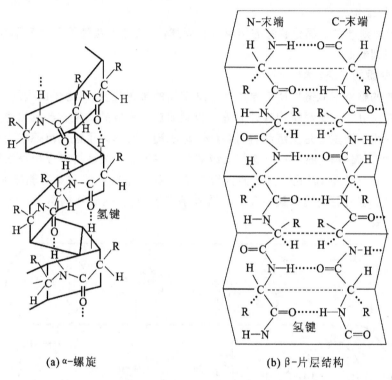

(a)α-螺旋　　　　　　　　(b)β-片层结构

图 2-6　蛋白质的分子结构

α-螺旋的结构特点如下。①多肽链主链围绕中心轴紧密盘曲形成稳固的右手螺旋。②螺旋中每 3.6 个氨基酸残基上升一圈,螺距为 0.54 nm。③相邻两圈螺旋之间借肽键中 C=O 中的 O 和第四个肽键的 N—H 形成许多链内氢键,这是稳定 α-螺旋的主要化学键。④肽链中氨基酸侧链 R 基团分布在螺旋外侧。

肌红蛋白和血红蛋白分子中有许多肽段为 α-螺旋结构,毛发的角蛋白、肌肉的肌球蛋白及血凝块中的纤维蛋白,这些蛋白质的多肽链几乎全长都卷曲成 α-螺旋,这使其具有一定的机械强度和弹性。

(2)β-折叠 多肽链主链以肽键平面为单位,折叠成锯齿状结构,称为 β-折叠。若干个 β-折叠结构平行排布并以氢键相连,则形成 β-片层。若 β-折叠走向相同,即 N 端、C 端方向一致,称为顺向平行 β-片层;反之,称为反向平行 β-片层。从能量角度看,反向平行 β-片层更为稳定。

β-片层结构相当伸展,肽键平面之间折叠成锯齿状,氨基酸残基的 R 侧链伸出在锯齿的上方或下方。维持 β-折叠(β-片层)构象稳定的化学键是若干 β-折叠结构之间形成的氢键(图 2-6(b))。

（3）β-转角　蛋白质分子中,肽链经常会出现 180°的回折,在这种回折角处的构象就是 β-转角。

β-转角中,第一个氨基酸残基的羰基的 O 与第四个氨基酸残基的亚氨基的 H 形成氢键,从而使结构稳定。

（4）无规则卷曲　部分肽链的构象没有规律性,肽链中肽键平面排列不规则,属于松散的无规则卷曲。

2. 蛋白质的三级结构

蛋白质的整条多肽链中所有原子在三维空间的排布位置,称为蛋白质的三级结构,也就是蛋白质分子在二级结构基础上进一步盘曲折叠形成的构象。形成和稳定蛋白质三级结构的化学键主要是次级键,包括氢键、疏水键、盐键(离子键)、范德华力(Van der Waals 力)及二硫键等(图 2-7)。这些次级键可存在于与一级结构序号相隔很远的氨基酸残基的 R 基团之间,因此蛋白质的三级结构主要是指氨基酸残基的侧链间的结合。只有一条多肽链的蛋白质的最高级空间结构是三级结构,三级结构是具有生物功能的空间结构形式。

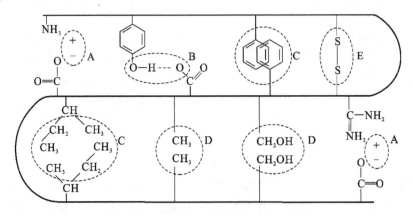

图 2-7　蛋白质的三级结构中的次级键

注　A:盐键;B:氢键;C:疏水键;D:范德华力;E:二硫键。

3. 蛋白质的四级结构

对于由一条多肽链构成的蛋白质而言,最高只能形成三级结构。具有两条或两条以上多肽链组成的蛋白质,其多肽链间通过非共价键相互组合而形成的空间结构称为蛋白质的四级结构。其中,每个具有独立三级结构的多肽链单位称为亚基。图 2-8 说明了蛋白质一、二、三、四级结构之间的关系。

亚基之间不存在共价键,亚基之间次级键的结合比二、三级结构疏松,因此在一定的条件下,四级结构的蛋白质可分离为单独的亚基,亚基本身的构象仍可不变,但失去了生物活性。一种蛋白质中,亚基结构可以相同,也可不同。如血红蛋白是由两个 α-亚

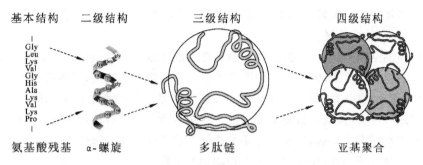

基本结构　二级结构　　　三级结构　　　　　四级结构

Gly
Leu
Lys
Val
Gly
His
Ala
Lys
Val
Lys
Pro

氨基酸残基　α-螺旋　　　　　多肽链　　　　　亚基聚合

图 2-8　蛋白质一、二、三、四级结构之间的关系

基与两个 β-亚基形成的四聚体（$\alpha_2\beta_2$）。血红蛋白的四个亚基通过离子键相连构成四聚体时才具有运输氧和二氧化碳的功能，而每个亚基单独存在时虽可结合氧且与氧亲和力增强，但在体内组织中难以释放氧，不能完成运输氧的功能。

四、蛋白质的结构与功能的关系

（一）蛋白质的一级结构与功能的关系

蛋白质的一级结构是空间结构的基础，也是蛋白质行使功能的基础，一级结构相似的蛋白质，其基本构象及功能也相似。例如，不同哺乳类动物的胰岛素分子一级结构只有个别氨基酸的差异（表 2-2），都执行调节血糖代谢等生理功能。

表 2-2　不同哺乳类动物的胰岛素分子一级结构的差别

物　种 ＼ 氨基酸位置	A_8	A_{10}	B_{30}
人	Thr	Ile	Thr
牛	Ala	Val	Ala
猪	Thr	Ile	Ala

在蛋白质的一级结构中，参与功能活性部位的氨基酸残基或处于特定构象关键部位的氨基酸残基，即使在整个分子中仅发生一个氨基酸残基的异常，该蛋白质的功能也会受到明显的影响。如镰刀状红细胞性贫血的发生，仅仅是由于血红蛋白 β-亚基的第 6 位谷氨酸被缬氨酸取代，仅一个氨基酸的差异，本是水溶性的血红蛋白就聚集成丝，相互黏着，导致红细胞变成镰刀状而极易破碎，产生贫血（图 2-9）。这种由蛋白质分子一级结构变异所导致的疾病被称为"分子病"。

HbA　β　肽链　N-val · his · leu · thr · pro · glu · glu……C

HbS　β　肽链　N-val · his · leu · thr · pro · val · glu……C

图 2-9　镰刀状红细胞性贫血血红蛋白遗传信息的异常

（二）蛋白质空间构象与功能活性的关系

蛋白质的空间构象与蛋白质多种多样的功能密切相关，构成毛发的角蛋白因为其分子二级结构中存在大量 α-螺旋故而坚韧且富有弹性,蚕丝的丝心蛋白因存在大量 β-折叠结构故而柔软、伸展。

蛋白质的空间构象发生变化,其功能活性也随之改变。若蛋白质的折叠发生错误,尽管一级结构没有改变,但由于空间构象的变化仍可影响其功能,严重时可导致疾病的发生,有人称此类疾病为蛋白构象疾病。如疯牛病是由朊病毒蛋白引起的一组人和动物神经的退行性变,其致病机制推测为由于朊病毒蛋白的二级结构有两种不同的构型,当其为 α-螺旋时并不致病,但是当在某种未知蛋白的作用下,α-螺旋转变成为 β-折叠时就变成了致病分子,能够传染并引发人和动物的疾病。

肌萎缩性脊髓侧索硬化症(简称 ALS,俗称为渐冻人症),也是因为蛋白质的错误折叠后相互聚集,形成沉淀而致病的。这是一种渐进的和致命的神经退行性疾病,临床上常表现为上、下运动神经元合并受损的混合性瘫痪。

第三节　蛋白质的理化性质

一、蛋白质的两性解离性质

蛋白质是由氨基酸组成的,其分子中除两端的游离氨基和羧基外,侧链中尚有一些解离基团,如谷氨酸、天门冬氨酸残基中的 γ-和 β-羧基,赖氨酸残基中的 ε-氨基,精氨酸残基的胍基和组氨酸的咪唑基。这些基团可以进行酸性或碱性电离,使蛋白质分子呈现两性电离的性质。蛋白质颗粒在溶液中电离的方式,既取决于其分子组成中碱性和酸性氨基酸残基的含量,又受所处溶液的 pH 值影响。当蛋白质溶液处于某一 pH 值时,蛋白质游离成正、负离子的趋势相等,成为兼性离子,净电荷为 0,此时溶液的 pH 值称为蛋白质的等电点(isoelectric point,pI)。蛋白质溶液的 pH 值大于等电点时,该蛋白质颗粒带负电荷;反之则带正电荷(图 2-10)。

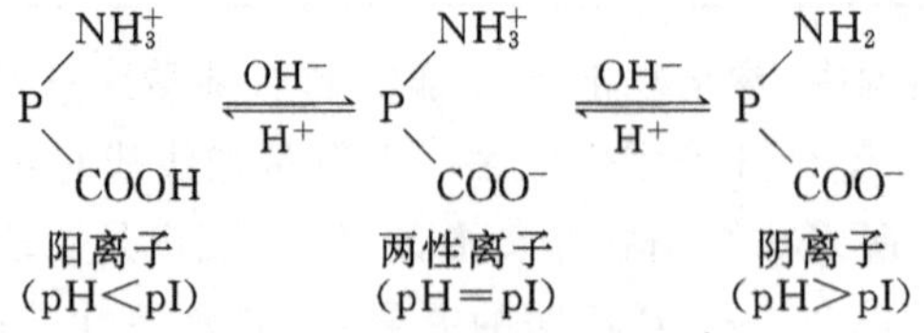

$$P \begin{array}{c} NH_3^+ \\ \\ COOH \end{array} \underset{H^+}{\overset{OH^-}{\rightleftharpoons}} P \begin{array}{c} NH_3^+ \\ \\ COO^- \end{array} \underset{H^+}{\overset{OH^-}{\rightleftharpoons}} P \begin{array}{c} NH_2 \\ \\ COO^- \end{array}$$

$$\begin{array}{ccc} \text{阳离子} & \text{两性离子} & \text{阴离子} \\ (pH < pI) & (pH = pI) & (pH > pI) \end{array}$$

图 2-10　蛋白质的解离状态

各种蛋白质分子由于所含的碱性氨基酸和酸性氨基酸残基的数目不同,因而有各自的等电点。凡碱性氨基酸残基含量较多的蛋白质,等电点就偏碱性,如组蛋白、精蛋白等。反之,凡酸性氨基酸残基含量较多的蛋白质,等电点就偏酸性。人体体液中许多蛋白质的等电点在 5.0 pH 左右,所以在体液中以负离子形式存在。

二、蛋白质的亲水胶体性质

蛋白质分子质量大,直径已达到胶粒 1~100 nm。蛋白质表面的亲水基团具有吸引水分子的作用,使蛋白质分子表面常被多层水分子所包围,形成水化膜,故蛋白质溶液为亲水胶体。水化膜可阻止蛋白质颗粒的相互聚集;当溶液的 pH 值不在该蛋白质的等电点时,蛋白质分子表面可带有同种电荷,同性相斥,也能防止蛋白质的聚集沉淀。因此,蛋白质表面的水化膜和同种电荷是使蛋白质水溶液稳定的两个因素,去除这两个稳定因素后,蛋白质极易从溶液中沉淀析出(图 2-11)。

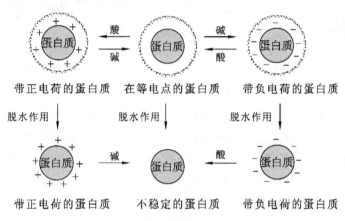

图 2-11　蛋白质胶体颗粒的沉淀

　　与分子质量较低的物质相比较,蛋白质分子黏度大,扩散速度慢,不易透过半透膜,可以利用蛋白质的这一性质来分离提纯蛋白质。做法是将混有小分子杂质的蛋白质溶液放于半透膜制成的袋内,置于流动的水或适宜的缓冲液中,小分子杂质可以从袋中透出去,袋内保留了比较纯化的蛋白质,这种方法称为透析。临床上常用于腹膜透析和血液透析。

三、蛋白质的变性与凝固

　　在某些理化因素作用下,蛋白质的空间结构发生改变或破坏,从而导致其理化性质改变和生物活性丧失,称为蛋白质的变性作用。变性蛋白质只有空间结构(构象)被破坏(一般认为蛋白质变性的本质是次级键的破坏),并不涉及一级结构的变化。

　　引起蛋白质变性的原因可以分为物理因素和化学因素两类。物理因素可以是高温、高压、搅拌、振荡、紫外线照射、超声波等;化学因素有强酸、强碱、有机溶剂、尿素、重金属盐等。在临床医学上,变性因素常被应用于消毒灭菌。反之,注意防止蛋白质变性的发生就能有效地保存蛋白质制剂,如血液制品、疫苗等。

　　蛋白质变性后溶解度降低,黏度增大,结晶能力消失,易于被蛋白酶消化,蛋白质的生物活性也随之丧失。

　　大多数蛋白质的变性是不可逆的,但当变性程度较轻时,如果去除变性因素,有的蛋白质仍能恢复或部分恢复其原来的构象及功能。变性的蛋白质重新恢复活性称为复性。例如,核糖核酸酶中存在四对二硫键,在 β-巯基乙醇和尿素作用下四对二硫键全部被破坏,酶活力也全部丧失,核糖核酸酶发生变性,失去了生物活性。变性的核糖核酸酶如经过透析,去除尿素、β-巯基乙醇,并在有氧条件下使巯基缓慢氧化成二硫键,酶蛋白又可恢复其原来的构象,酶的活力又重新恢复(图 2-12)。

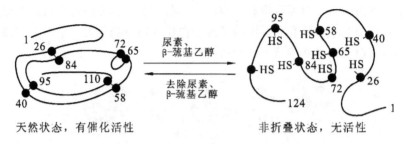

图 2-12　核糖核酸酶的变性与复性

将接近于等电点附近的蛋白质溶液加热,可使蛋白质发生凝固而沉淀。首先是加热使蛋白质变性,有规则的肽链结构被打开而呈松散不规则的结构,分子的不对称性增加,疏水基团暴露,进而凝聚成凝胶状的蛋白块。例如,煮熟的鸡蛋,蛋黄和蛋清都凝固。凝固的蛋白质肯定已发生变性,且其变化不可逆。

四、蛋白质的沉淀

蛋白质分子凝聚从溶液中析出的现象称为蛋白质的沉淀。引起蛋白质沉淀的主要方法有下述几种。

(一)盐析

在蛋白质溶液中加入大量的中性盐,破坏蛋白质的胶体稳定性而使其沉淀,这种方法称为盐析。高浓度的盐离子夺去了蛋白质胶体分子的水化膜,又抑制了蛋白质的解离,使表面的保护电荷减少。常用来做蛋白质盐析的中性盐有硫酸铵、硫酸钠、氯化钠等。通过盐析沉淀的蛋白质仍保持蛋白质的活性。调节蛋白质溶液的 pH 值至等电点后再用盐析法,蛋白质沉淀的效果更好。

(二)有机溶剂沉淀法

有机溶剂如酒精、甲醇、丙酮等,对水的亲和力很大,能破坏蛋白质颗粒的水化膜,在等电点时可使蛋白质沉淀。在常温下,有机溶剂沉淀蛋白质往往引起变性,如酒精消毒灭菌。但若在低温条件下(0～4 ℃),则变性进行较缓慢,可用于分离制备各种血浆蛋白质。

(三)重金属盐沉淀法

蛋白质在碱性溶液(pH 值大于等电点)中带负电,易与带正电的重金属离子(如汞、铅、铜、银等)结合成盐沉淀。重金属离子沉淀的蛋白质常是变性的,但若在低温条件下,并控制重金属离子的浓度,也可用于分离制备不变性的蛋白质。临床上利用蛋白质能与重金属盐结合的这种性质,抢救误服重金属盐中毒的患者,给患者口服大量牛奶或鸡蛋清,然后用催吐剂将结合的重金属盐呕吐出来解毒。

(四)生物碱试剂沉淀法

蛋白质又可与某些酸(如三氯醋酸、苦味酸、钨酸、鞣酸等)结合成不溶性的盐沉淀,沉淀的条件应当是 pH 值小于等电点,这样蛋白质因带正电荷而易于与酸根负离子结合成盐。临床上血液化学分析时常利用此原理除去血液中的蛋白质,此类沉淀反应也可用于检验尿中的蛋白质。

蛋白质的变性、沉淀、凝固相互之间有很密切的关系。变性蛋白质一般易于沉淀,但蛋白质变性后并不一定沉淀,例如,蛋白质被强酸、强碱变性后由于蛋白质颗粒带着大量电荷,仍然溶于强酸或强碱之中。变性蛋白质只在等电点附近才沉淀,若将强酸和强碱溶液的 pH 值调节到等电点,变性蛋白质便凝集成絮状沉淀物从溶液中析出。沉淀的变性蛋白质也不一定凝固,若将上述此絮状物加热,则蛋白质分子间相互缠绕而变成较为坚固的凝块,发生凝固。

五、蛋白质的紫外吸收和呈色反应

由于蛋白质分子中的酪氨酸、色氨酸残基含有共轭双键,使蛋白质在 280 nm 有特征性的紫外吸收峰。此外,蛋白质还可以发生呈色反应,如与茚三酮反应产生蓝色,与双缩脲试剂反应呈紫色,与酚试剂反应显蓝色等。蛋白质的这些性质可以用来做蛋白质含量的测定。

第四节 蛋白质的分类

天然蛋白质的种类繁多,结构复杂,常见下面两种分类方法。

一、按蛋白质组成分类

蛋白质从组成上可分为单纯蛋白质和结合蛋白质。单纯蛋白质的分子中只含氨基酸残基,又可根据其理化性质及来源的不同分为清蛋白(又名白蛋白)、球蛋白、谷蛋白、醇溶谷蛋白、精蛋白、组蛋白、硬蛋白等。结合蛋白质的分子中除氨基酸外还有非氨基酸成分(辅基),又可按辅基的不同分为核蛋白、磷蛋白、金属蛋白、色蛋白等(表 2-3)。

表 2-3　按蛋白质组成分类

蛋白质类别	举　例	非蛋白成分(辅基)
单纯蛋白质	血清蛋白,球蛋白	无
结合蛋白质		
核蛋白	病毒核蛋白、染色体蛋白	核酸
糖蛋白	免疫球蛋白、黏蛋白、蛋白多糖	糖类
脂蛋白	乳糜微粒、低密度脂蛋白、高密度脂蛋白	脂类
磷蛋白	酪蛋白、卵黄磷酸蛋白	磷酸
色蛋白	血红蛋白、细胞色素	色素
金属蛋白	铁蛋白、铜蓝蛋白	金属离子

二、按蛋白质形状分类

从蛋白质形状上,可将它们分为球状蛋白质及纤维状蛋白质等。球状蛋白质的长轴与短轴相差不多,整个分子盘曲呈球状或近似球状,如免疫球蛋白、胰岛素等;纤维状蛋白质的长轴与短轴相差较悬殊,整个分子多呈长纤维,如皮肤中的胶原蛋白、毛发中的角蛋白等。

蛋白质是生命体的物质基础,主要元素组成为碳、氢、氧、氮、硫。蛋白质的基本单位是氨基酸,存在于自然界中的氨基酸有300多种,但构成人体组织蛋白质的编码氨基酸只有20种。蛋白质是由多肽链构成的生物大分子,具有三维空间结构,一般分为一、二、三、四级结构,其中一级结构又称基本结构,后三者统称空间结构。肽键是维持蛋白质一级结构的主要化学键,次级键主要维持蛋白质的空间结构。蛋白质的二级结构是指多肽链中主链盘曲折叠形成的局部空间结构,不涉及侧链部分的构象,主要形式有α-螺旋、β-折叠、β-转角和无规则卷曲。蛋白质的整条多肽链中所有原子在三维空间的排布位置,称为蛋白质的三级结构。具有两条或两条以上多肽链组成的蛋白质,其多肽链间通过非共价键相互组合而形成的空间结构称为蛋白质的四级结构,其中,每个具有独立三级结构的多肽链单位称为亚基。蛋白质结构与功能之间的关系非常密切,一级结构是空间结构的基础,也是蛋白质行使功能的基础,一级结构相似的蛋白质,其基本构象及功能也相似。蛋白质的空间构象与蛋白质多种多样的功能密切相关,蛋白质的空间构象发生变化,其功能活性也随之改变。蛋白质的分子组成和结构使蛋白质具有两性游离、高分子胶体等性质,某些理化因素可以使蛋白质变性。

 能力检测

一、名词解释

1.肽键　2.肽单元　3.等电点(pI)　4.蛋白质变性

二、填空题

1. 组成蛋白质的主要元素有_____、_____、_____、_____等。
2. 不同蛋白质的含_____量颇为相近,平均含量约为_____%。
3. 蛋白质的一级结构是指_____在蛋白质多肽链中的_____。
4. 蛋白质二级结构的形式主要有_____、_____、_____和_____。
5. 维持蛋白质亲水胶体的两个稳定因素为_____和_____。

三、单项选择题

1. 维持蛋白质一级结构的主要化学键是( )。

A.氢键 　　　　　B.疏水键 　　　　　C.盐键

D.肽键 　　　　　E.范德华力

2. 测得某一蛋白质样品的氮含量为 0.40 g,此样品约含蛋白质的量为(　　)。

A. 2.00 g B. 2.50 g C. 6.25 g

D. 6.16 g E. 25 g

3. 构成天然蛋白质的编码氨基酸有(　　)种。

A. 5 B. 10 C. 15

D. 20 E. 64

4. 蛋白质分子中的 α-螺旋和 β-折叠都属于(　　)。

A. 一级结构 B. 二级结构 C. 三级结构

D. 四级结构 E. 无规则结构

5. 亚基出现在蛋白质的哪一级结构中?(　　)

A. 一级结构 B. 二级结构 C. 三级结构

D. 四级结构 E. 三级结构或四级结构

6. 变性蛋白质主要是其结构中(　　)。

A. 次级键断裂 B. 肽键断裂 C. 表面水化膜被破坏

D. 氨基酸的排列顺序改变 E. 带电量改变

7. 蛋白质在等电点时的存在形式是(　　)。

A. 非极性分子 B. 疏水分子 C. 两性离子

D. 阳离子 E. 阴离子

8. 室温不引起蛋白质变性的沉淀蛋白质方法是(　　)。

A. 加入硫酸铵 B. 加入乙醇 C. 加入硝酸银

D. 加入苦味酸 E. 加入丙酮

四、简答题

1. 血浆蛋白质等电点为 4.5～6.0,血浆 pH 值为 7.35～7.45,分析血浆蛋白质以何种离子形式存在,为什么?

2. 举例说明如何将所学的有关蛋白质变性的知识应用于临床实践。

(大连大学职业技术学院　张　健)

第三章 核酸的结构与功能

掌握 核酸的分类与分布、基本组成成分、基本单位。

熟悉 核酸的分子结构。

了解 核酸的理化性质。

核酸和蛋白质是生物体内最重要的生物大分子。核酸是生物遗传的物质基础,核酸分子中所储存的遗传信息通过蛋白质来表达。根据组成不同,可将核酸分为脱氧核糖核酸(deoxyribonucleic acid,DNA)和核糖核酸(ribonucleic acid,RNA)两大类。大多数生物都含有 DNA 和 RNA,但是某些病毒只含 DNA 或 RNA 中的一种。DNA 主要存在于细胞核的染色体内,是生物体遗传信息的携带者,通常所说的基因就是指 DNA 分子的功能片段。RNA 主要分布在细胞质中,其主要作用是将 DNA 的遗传信息转录下来,指导和参与细胞内蛋白质的生物合成。RNA 根据功能不同,又分为信使 RNA(messenger RNA,mRNA)、转运 RNA(transfer RNA,tRNA)和核糖体 RNA(ribosomal RNA,rRNA)。

核酸的发现

1968 年瑞士化学家米歇尔(F. Miescher)首先从脓细胞中分离出细胞核,用碱抽提再加入酸,得到一种含氮和磷特别丰富的物质,当时称为核素。后来又从鲑鱼的精子细胞核中发现了大量类似的酸性物质,随后有人在多种组织细胞中也发现了这类物质的存在。因为这类物质都是从细胞核中提取出来的,而且都具有酸性,因此称为核酸。

第一节 核酸的化学组成

核酸的基本单位是核苷酸。核苷酸由戊糖、碱基和磷酸三种基本成分组成。其元素组成为:C、H、O、N 和 P。其中磷元素在核酸分子中含量恒定,约为 9%,可以通过测定生物样品中核酸的磷元素含量,进一步推算出生物样品中核酸的含量。

一、核酸的基本组成成分

1. 戊糖 核酸中所含的戊糖均为 β-D-型。DNA 中含 D-2-脱氧核糖,RNA 中含 D-核糖。β-D-型核糖的结构见图 3-1。

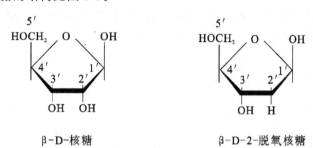

β-D-核糖　　　　　　　β-D-2-脱氧核糖

图 3-1　核酸中戊糖的结构

2. 碱基 核酸中的碱基有嘌呤碱和嘧啶碱两类。DNA 和 RNA 所含嘌呤碱相同,为腺嘌呤(adenine,A)与鸟嘌呤(guanine,G);而它们所含的嘧啶碱则略有不同:DNA 中含胞嘧啶(cytosine,C)和胸腺嘧啶(thymine,T),RNA 中含胞嘧啶和尿嘧啶(uracil,U)(图 3-2)。此外,核酸中还含有微量的稀有碱基。

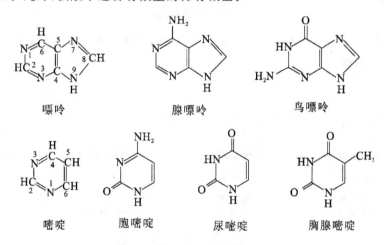

嘌呤　　　　　　腺嘌呤　　　　　　鸟嘌呤

嘧啶　　　　胞嘧啶　　　　尿嘧啶　　　　胸腺嘧啶

图 3-2　核酸中主要碱基的结构

3. 磷酸 DNA 和 RNA 两类核酸分子中都含有磷酸。
两类核酸分子组成的异同点见表 3-1。

表 3-1　两类核酸在分子组成上的异同点

组　分		RNA	DNA
磷酸		—	—
戊糖		D-核糖	D-2-脱氧核糖
碱基	嘌呤碱	A、G	A、G
	嘧啶碱	C、U	C、T

二、核酸的基本单位

碱基与戊糖通过糖苷键缩合成核苷,即戊糖的第 $1'$ 位碳原子($C-1'$)与嘌呤的第 9 位氮原子($N-9$)或嘧啶的第 1 位氮原子($N-1$)以 C—N 糖苷键形式相连(图 3-3)。核糖与碱基形成的化合物称为核糖核苷,简称核苷,如腺苷;脱氧核糖与碱基形成的化合物称为脱氧核糖核苷,简称脱氧核苷,如脱氧胞苷。

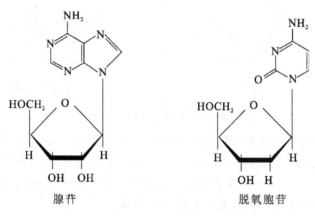

腺苷   脱氧胞苷

图 3-3　核苷结构式

核苷与磷酸通过磷酸酯键相连而成的化合物称为核苷酸。磷酸与戊糖中的自由羟基相连而形成磷酸酯键(图 3-4)。

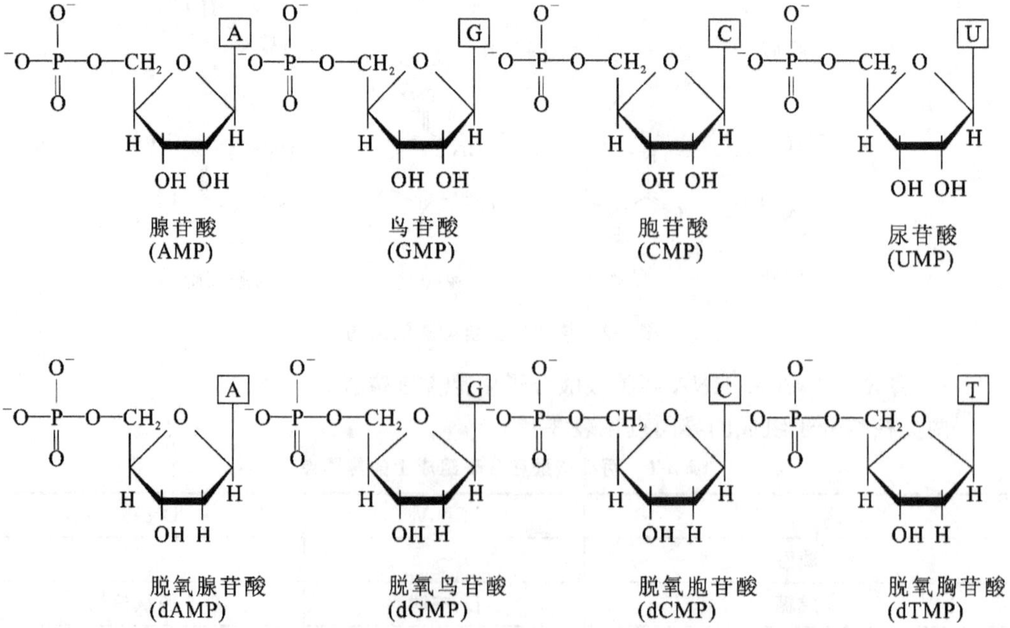

腺苷酸　　　　　鸟苷酸　　　　　胞苷酸　　　　　尿苷酸
(AMP)　　　　　(GMP)　　　　　(CMP)　　　　　(UMP)

脱氧腺苷酸　　　脱氧鸟苷酸　　　脱氧胞苷酸　　　脱氧胸苷酸
(dAMP)　　　　 (dGMP)　　　　 (dCMP)　　　　 (dTMP)

图 3-4　核苷酸结构示意图

两类核酸中主要碱基、核苷与核苷酸见表3-2。

表 3-2 两类核酸中主要的碱基、核苷与核苷酸

核 酸	碱 基	核 苷	核 苷 酸
RNA	腺嘌呤(A)	腺苷	腺苷酸(腺苷—磷酸,AMP)
	鸟嘌呤(G)	鸟苷	鸟苷酸(鸟苷—磷酸,GMP)
	胞嘧啶(C)	胞苷	胞苷酸(胞苷—磷酸,CMP)
	尿嘧啶(U)	尿苷	尿苷酸(尿苷—磷酸,UMP)
DNA	腺嘌呤(A)	脱氧腺苷	脱氧腺苷酸(脱氧腺苷—磷酸,dAMP)
	鸟嘌呤(G)	脱氧鸟苷	脱氧鸟苷酸(脱氧鸟苷—磷酸,dGMP)
	胞嘧啶(C)	脱氧胞苷	脱氧胞苷酸(脱氧胞苷—磷酸,dCMP)
	胸腺嘧啶(T)	脱氧胸苷	脱氧胸苷酸(脱氧胸苷—磷酸,dTMP)

第二节 核酸的分子结构

一、核酸的一级结构

核酸是由很多的核苷酸分子连接形成的聚合物。核酸的一级结构是指核酸中核苷酸的排列顺序。核苷酸间的差异主要是由于碱基的不同而引起的,因此碱基的排列顺序就代表了核苷酸的排列顺序。DNA 的一级结构即 4 种脱氧核糖核苷酸(dAMP、dGMP、dCMP 和 dTMP)或 4 种碱基(A、G、C 和 T)的排列顺序;RNA 的一级结构即 4 种核糖核苷酸(AMP、GMP、CMP 和 UMP)或 4 种碱基(A、G、C 和 U)的排列顺序。

连接两个核苷酸的化学键是 $3',5'$-磷酸二酯键,即前一个核苷酸的 $3'$ 羟基与下一个核苷酸的 $5'$ 磷酸之间脱水缩合形成的磷酸酯键(图 3-5)。多个核苷酸借 $3',5'$-磷酸二酯键连接成多核苷酸链,也就是核酸。无论是 DNA 还是 RNA,都是通过核苷酸之间的 $3',5'$-磷酸二酯键连接而成的。多核苷酸链有两个末端,戊糖 C-5 上带有游离磷酸基的称为 $5'$-末端,C-$3'$ 上带有游离羟基的称为 $3'$-末端。书写时通常将 $5'$ 端写在左侧,$3'$ 端写在右侧,即书写的方向是 $5'\rightarrow3'$。图 3-5 的左下角是 DNA 片段的简化书写形式,这几种书写形式同样适用于 RNA。

二、DNA 分子的空间结构

1. DNA 的二级结构——双螺旋结构

双螺旋结构是 DNA 二级结构的重要形式,其要点如下。①DNA 分子是由两条反向平行的多核苷酸链围绕同一中心轴形成的右手螺旋结构。一条链的走向是 $5'\rightarrow3'$,另一条链的走向是 $3'\rightarrow5'$。②磷酸和脱氧核糖基相连而成的骨架位于螺旋的外侧,各碱基在螺旋的内侧。碱基平面垂直于螺旋的纵轴。③螺旋每旋转一周含 10 个碱基对,螺旋的直径为 2 nm,螺距为 3.4 nm。两个相邻碱基之间堆砌的距离为 0.34 nm,其旋

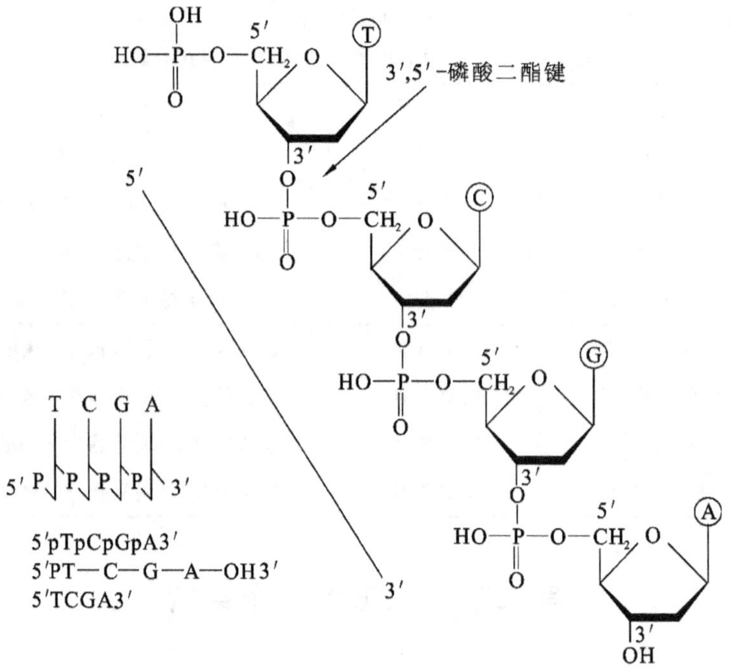

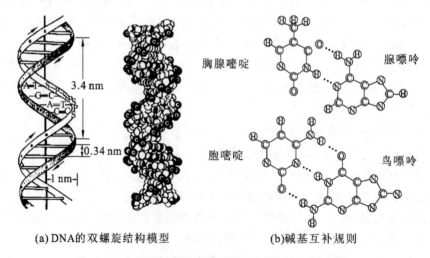

图 3-5　DNA 片段及其简写方式

转的夹角为 36°。④两条多核苷酸链通过碱基间的氢键连接,一条链中的 A 与另一条链中的 T 配对(A-T),其间可形成两个氢键;G 与 C 配对(G-C),其间形成三个氢键,这种配对方式称为碱基互补规则。因此只要知道了 DNA 分子中一条链的核苷酸排列顺序,也就知道了 DNA 分子中另一条链的核苷酸排列顺序。⑤维持 DNA 双螺旋结构稳定性的因素主要是碱基对之间的氢键和碱基平面之间的碱基堆积力。DNA 的双螺旋结构模型及碱基互补规则见图 3-6。

(a)DNA的双螺旋结构模型　　　　(b)碱基互补规则

图 3-6　DNA 的双螺旋结构模型及碱基互补规则示意图

知识链接

DNA双螺旋结构的发现

剑桥大学的两位年轻的科学家弗朗西斯·克里克(Crick)和詹姆斯·沃森(Watson)在总结前人的研究成果的基础上提出了DNA的二级结构模型：DNA是由两条脱氧多核苷酸链组成的双螺旋结构。1953年4月25日英国《自然》杂志发表了这一成果。该发现把人们的研究一下子从细胞水平推向了分子水平。此结构模型的建立为生物学和遗传学作出了巨大贡献，为揭示遗传信息的储存、传递和表达开辟了道路，为现代分子生物学的研究与发展奠定了基础。1962年，沃森和克里克因为发现DNA双螺旋结构赢得了该年的诺贝尔奖。

2. DNA的三级结构——超螺旋结构

DNA分子在双螺旋结构的基础上进一步盘曲所形成的空间构象，称为超螺旋结构，包括正超螺旋(螺旋变紧)和负超螺旋(螺旋变松)。

原核生物的超螺旋结构多为DNA双螺旋的首尾两端连接后形成环状结构，或再扭曲形成麻花状闭环结构(图3-7(a))。真核生物除线粒体外，其DNA双螺旋多为线形，大部分时间里以染色质形式存在于细胞中。先由组蛋白和线形DNA组成核小体(图3-7(b))，核小体彼此相连，形成串珠状细丝，并进一步螺旋化、卷曲、折叠而形成染色体。此结构将DNA压缩了近万倍。

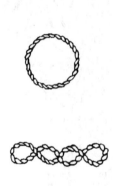

(a) 原核生物DNA的超螺旋结构模式图

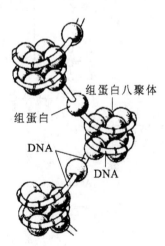

组蛋白八聚体

组蛋白

DNA

DNA

(b) 真核生物的核小体结构

图3-7 原核生物DNA的超螺旋结构模式图及真核生物的核小体结构示意图

三、RNA 分子的空间结构

RNA 一般以单链形式存在,但可以通过回折形成局部的双螺旋结构,碱基配对规律是:A 与 U 配对,G 与 C 配对。回折处不能配对的碱基膨出成环状。这种短的双螺旋结构和环被形象称为茎环结构或发夹结构。

RNA 可分为三类,它们的结构特点和作用各不相同。

(1) tRNA　tRNA 是分子质量最小的 RNA,一般由 70～90 个核苷酸组成,约占整个细胞里所有 RNA 的 15%。tRNA 含有很多稀有碱基,每个分子中有 7～15 个稀有碱基,包括二氢尿嘧啶(DHU)、假尿嘧啶(Ψ)、次黄嘌呤(I)和胸腺嘧啶(T)等,它们是在转录后由一般碱基经酶促修饰而成。tRNA 的主要功能是将氨基酸转运到核糖体,参与蛋白质的生物合成。一种 tRNA 一般只转运某一特定的氨基酸,但一种氨基酸可由几种 tRNA 转运。细胞内至少存在 50 余种不同的 tRNA。

tRNA 的二级结构为三叶草形结构,包括四个双螺旋区、三个环及一个附加叉,见图 3-8(a)。三个环分别是 DHU 环、TΨC 环和反密码环,其中,反密码环由 7 个核苷酸组成,环中部为由 3 个碱基组成反密码子。不同的 tRNA,其反密码子也不同。tRNA 分子 3′末端的双螺旋区及部分未配对核苷酸组成氨基酸臂,其 3′末端都是—CCA—OH,能结合氨基酸。

tRNA 分子的三级结构是在二级结构的基础上进一步盘曲折叠而成的,均呈倒"L"形,一端为氨基酸臂,另一端为反密码环,见图 3-8(b)。

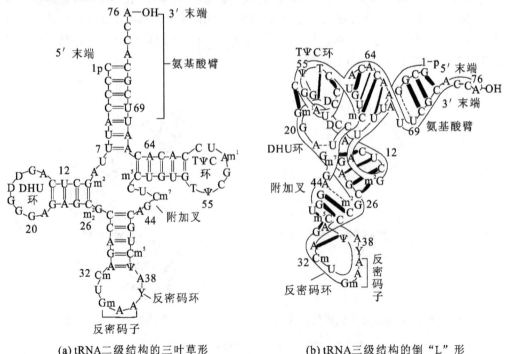

(a)tRNA二级结构的三叶草形　　　　　(b)tRNA三级结构的倒"L"形

图 3-8　tRNA 的二、三级结构

（2）mRNA　mRNA 是 DNA 遗传信息的传递者，将 DNA 遗传信息从细胞核带到细胞质，并作为蛋白质合成的模板指导蛋白质的生物合成。因此，它相当于传递遗传信息的信使。mRNA 结构特点有以下几点：①mRNA 含量最少，占整个细胞里所有 RNA 的 2%～5%。但它的种类最多，约 10^5 种，其一级结构（核苷酸的数量和顺序）差异很大，核苷酸数量的变动范围在 500～6000 之间；②大多数真核细胞的 mRNA 的 5′端有"帽子结构"（即 7-甲基鸟苷三磷酸（m7GpppN）），可能与蛋白质生物合成的起始有关；绝大多数 3′末端有多聚腺苷酸"尾巴结构"（即一段长度为 30～200 个的多聚腺苷酸（多聚 A 或 poly A）），其功能尚不清楚，可能与 mRNA 从细胞核转移至细胞质有关，也可能与 mRNA 的稳定性有关。

（3）rRNA　rRNA 是细胞中含量最多的一类 RNA，约占整个细胞里所有 RNA 的 80% 以上，各种 rRNA 分子都是由一条多核苷酸链构成。rRNA 的主要功能是与多种蛋白质结合成核糖体，核糖体为蛋白质的合成提供场所。

核糖体由大、小两个亚基组成。原核细胞核糖体含有三种 rRNA，其中 23 S 与 5 S 两种 rRNA 存在于大亚基中，而 16 S rRNA 则存在于小亚基中。真核细胞核糖体含有四种 rRNA，其中大亚基含 28 S、5.8 S 及 5 S 三种，而小亚基只含 18 S 一种。

第三节　核酸的理化性质

一、核酸的一般性质

核酸分子为多元酸，具有较强的酸性。DNA 是线性高分子，黏度极大；而 RNA 分子远小于 DNA，黏度也小很多。DNA 在机械力的作用下易发生断裂，为基因组的提取带来一定的困难。因嘌呤碱基和嘧啶碱基都具有共轭双键，故核酸、核苷酸、核苷都具有紫外吸收特性，最大吸收峰在 260 nm 附近，这是对 DNA 和 RNA 进行定量时最常用的方法。

二、DNA 的变性

DNA 的变性是指在某些理化因素作用下，DNA 分子中互补碱基对之间的氢键断裂，使 DNA 双螺旋结构解开变成单链的过程。根据变性因素可分为酸碱变性、热变性等。

DNA 变性后，规则的双螺旋结构变成无规则线团，引起黏度下降、紫外吸收增加、旋光度改变等。DNA 变性时，随着解链程度逐渐增大，DNA 的紫外吸光度值也随之增加，这种现象称为 DNA 的增色效应。紫外吸收达到最大吸收值的 50% 时所达到的温度，称为熔点或解链温度（melting temperature），用 T_m 表示。T_m 值与 DNA G+C 含量有关，G+C 含量越大，T_m 越高；反之，则 T_m 越低。

三、DNA 的复性与分子杂交

DNA 发生热变性后，经缓慢降温（如放置于室温，逐渐冷却），解开的互补链之间对应的碱基对再次形成氢键,恢复成完整的双螺旋结构的过程,称为 DNA 的复性(图 3-9(a))。核酸复性时紫外吸光度值下降,称为减色效应。DNA 热变性后缓慢冷却处理的过程称为退火。DNA 加热变性后,若经骤然降温,互补链碱基之间来不及配对形成氢键联系,两链将维持分离状态,不发生复性。

当不同来源的核酸分子变性后一起复性时,只要不同来源的核酸单链含有一定的互补碱基序列,即可通过碱基配对,形成杂化双链,这种现象称为核酸分子杂交(图 3-9(b))。分子杂交可以发生在不同的 DNA 分子之间,也可以在 DNA 与 RNA 之间,或 RNA 与 RNA 分子之间进行。

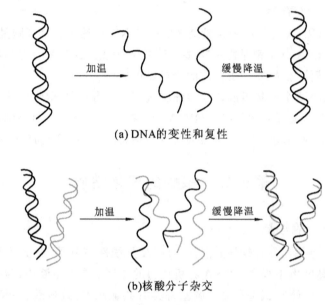

(a) DNA的变性和复性

(b)核酸分子杂交

图 3-9 核酸的理化性质

核酸分子杂交的应用——生物芯片

生物芯片技术起源于核酸分子杂交。所谓生物芯片是指固定在支持介质上的生物信息分子(如寡核苷酸、基因片段、cDNA 片段或多肽或蛋白质等)的微阵列,阵列中每个分子的序列及位置都是已知的。生物芯片可用于疾病的基因诊断。比如从患者的基因组中分离出的 DNA 与 DNA 芯片杂交就可以得出病变图谱。现在,肝炎病毒检测诊断芯片、结核杆菌耐药性检测芯片、多种恶性肿瘤相关病毒基因芯片等一系列诊断芯片逐步开始进入市场。基因诊断是基因芯片中最具有商业化价值的应用。

第四节 体内重要的游离核苷酸

核苷一磷酸(NMP)的磷酸基还可以再和磷酸相连而形成核苷二磷酸(nucleoside diphosphate,NDP)或核苷三磷酸(nucleoside triphosphate,NTP);同样地,脱氧核苷一磷酸(dNMP)也可进一步形成脱氧核苷二磷酸(dNDP)和脱氧核苷三磷酸(dNTP)。核苷三磷酸、脱氧核苷三磷酸是体内合成核酸的原料,其中 ATP、CTP、CTP、UTP 是合成 RNA 的原料,dATP、dGTP、dCTP、dTTP 是合成 DNA 的原料。ATP 是生物体内最重要的高能化合物,在生物体的能量代谢中起重要作用,为生命活动直接提供能量。ATP 的结构式见图 3-10。

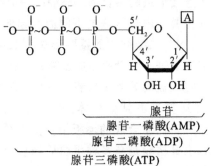

图 3-10 AMP、ADP、ATP 的结构关系示意图

在水解反应中释放的能量高于 21 kJ/mol 的化学键称为高能键,用"～"表示。含有高能键的化合物称为高能化合物,NDP、NTP、dNDP 和 dNTP 都含有高能磷酸键,它们都是高能化合物;NMP 和 dNMP 不含高能键,是一般化合物。ATP 分子末端的两个磷酸键属于高能键。

ATP 和 GTP 可分别生成环腺苷酸(cAMP)和环鸟苷酸(cGMP),见图 3-11,它们作为激素的第二信使在信息传递中起重要作用。

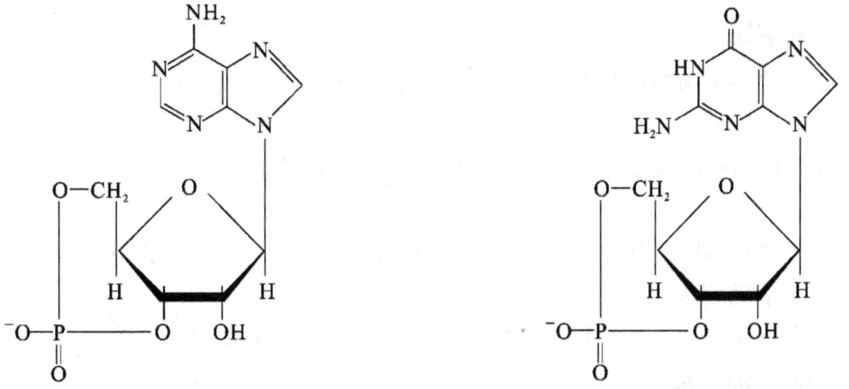

(a) 3′,5′-环腺苷酸(cAMP)

(b) 3′,5′-环鸟苷酸(cGMP)

图 3-11 环化核苷酸结构式

核酸是生物遗传的物质基础。根据组成不同,可将核酸分为脱氧核糖核酸(DNA)和核糖核酸(RNA)两大类。DNA 主要存在于细胞核的染色体内,是生物体遗传信息的携带者;RNA 主要分布在细胞质中,其主要作用是指导和参与细胞内蛋白质的生物合成。RNA 根据功能不同,又分为信使 RNA、转运 RNA、核糖体 RNA。核酸的基本单位是核苷酸,由戊糖、碱基和磷酸三种基本成分组成,其元素组成为:C、H、O、N 和 P。碱基与戊糖通过糖苷键缩合成核苷,核苷与磷酸通过磷酸酯键相连构成核苷酸。核酸是由很多的核苷酸分子连接形成的聚合物。核酸的一级结构是指核酸中核苷酸的排列顺序。核苷酸间的差异主要是由于碱基的不同而引起的,因此碱基的排列顺序就代表了核苷酸的排列顺序。DNA 二级结构的重要形式是双螺旋结构,DNA 分子的三级结构是在双螺旋结构的基础上进一步盘曲形成超螺旋。RNA 分子较小,一般都是以单链形式存在,在空间通过回折、盘旋等形成局部短的双螺旋结构。tRNA 是分子质量最小的 RNA,主要功能是转运氨基酸到核糖体,参与蛋白质的生物合成;mRNA 是DNA 遗传信息的传递者,作为蛋白质合成的模板指导蛋白质的生物合成;rRNA 是细胞中含量最多的一类 RNA,主要功能是与多种蛋白质结合成核糖体,为蛋白质的合成提供场所。核酸分子有强酸性,DNA 是线性高分子,黏度极大;核酸、核苷酸、核苷都具有紫外吸收特性,最大吸收峰在 260 nm 附近,这是对 DNA 和 RNA 进行定量时最常用的方法。DNA 的变性、复性是核酸分子杂交的基础。

一、名词解释

1.核苷酸   2.DNA 双螺旋结构   3.碱基互补

二、填空题

1. 核酸的基本结构单位是_____,核酸完全水解的产物是_____、_____和_____。

2. 体内的嘌呤碱主要有_____和_____;嘧啶碱主要有_____、_____和_____。

3. DNA 的二级结构为_____,三级结构为_____;tRNA 的二级结构为_____,三级结构为_____。

4. 大多数真核生物的 mRNA 的 5′末端有_____结构,3′末端有_____结构。

三、单项选择题

1. 在 RNA 和 DNA 水解的终产物中(   )。

A. 戊糖相同,嘧啶碱不同　　B. 戊糖相同,嘌呤碱不同　　C. 戊糖不同,嘧啶碱不同

D. 戊糖不同,嘌呤碱不同　　E. 戊糖相同,嘧啶碱相同

2. 核酸中核苷酸之间的连接方式是(　　)。

A.2′,3′-磷酸二酯键　　　　B. 糖苷键　　　　　　　　C.3′,5′-磷酸二酯键

D. 肽键　　　　　　　　　　E.二硫键

3. 与 DNA 片段 5′-TAGA-3′互补的 RNA 片段为(　　)。

A.5′-AGAT-3′　　　　　　　B.5′-TCTA-3′　　　　　　C.5′-AUAT-3′

D.5′-UCUA-3′　　　　　　　E.5′-AUCU-3′

4. tRNA 的二级结构是(　　)。

A.α-螺旋　　　　　　　　　B. 麻花形　　　　　　　　C. 三叶草形

D. 双股螺旋　　　　　　　　E. 倒"L"形结构

5. 有关 DNA 二级结构的特点,不正确的是(　　)。

A. 两条多核苷酸链反向平行围绕同一中心轴构成双螺旋

B. 双链均为右手螺旋

C. 以 A-T、G-C 方式形成碱基配对

D. 链状骨架由核糖和磷酸组成

E. 每旋转一周需 10 对碱基

四、简答题

1. 列表比较 DNA、RNA 的分子组成上的异同点。

2. 写出下列符号的中文名称

　　ATP　　　UDP　　　CMP

（大连大学职业技术学院　　张　健）

第四章　酶

掌握　酶、酶的活性中心、必需基团、酶原与酶原的激活、同工酶、抑制剂的概念;酶
　　　促反应的特点、酶的分子组成、影响酶促反应速度的因素。
熟悉　酶促反应的机制、酶原及酶原激活的生理意义、同工酶及抑制作用在临床上
　　　的应用。
了解　酶的命名和分类、酶在医药学上的应用。

第一节　概　　述

一、酶与生物催化剂

生物体体内的新陈代谢每时每刻都在进行,新陈代谢包含着各种复杂的化学反应。这些反应都要依赖于高效、特异的生物催化剂的催化作用才能进行。现已发现两类生物催化剂,即酶和核酶。

酶是由活细胞合成的、对其特异底物具有高效催化功能的特殊蛋白质。在对酶的研究中,酶所催化的化学反应称为酶促反应。在酶促反应中被酶催化的物质称为底物,也称为作用物;催化反应所生成的物质称为产物;酶催化化学反应的能力称为酶活性,若酶失去催化能力则称为酶失活。酶的种类很多,到目前为止所分离和鉴定的酶已有两千余种,均已证明其化学本质都是蛋白质。

核酶是具有高效、特异催化作用的核酸,主要参与 RNA 的剪接。

二、酶促反应的特点

酶是催化剂,故具有一般催化剂的共性:①只能催化热力学允许的化学反应;②能加快化学反应速度,而酶在反应前后没有质和量的变化;③只能改变反应的进程,而不改变反应的平衡点;④对可逆反应的正反应和逆反应都具有催化作用。但酶作为生物催化剂,又具有一般催化剂所没有的特征。

(一)高度的催化速率

酶的催化速率比无催化剂时高 $10^8 \sim 10^{20}$ 倍,比一般催化剂催化的反应高 $10^7 \sim 10^{13}$ 倍。酶之所以能高效催化,是因为它通过降低反应所需活化能来实现的,随着活化能的降低,酶促反应速度将大幅度提高。如蔗糖酶催化蔗糖水解的速率是 H^+ 催化作用的 2.5×10^{12} 倍;脲酶催化尿素水解的速率是 H^+ 催化作用的 7×10^{12} 倍。

（二）高度的特异性

酶对其催化的底物具有较严格的选择性。即一种酶只作用于一种或一类底物,或一定的化学键,催化一定的化学反应,生成一定的产物,酶的这种特性称为酶的特异性或专一性。根据特异性的严格程度不同,又可将这种特性分为绝对特异性、相对特异性、立体异构特异性三种类型。

1. 绝对特异性 一种酶只作用于一种底物,催化一定的化学反应并生成一定的产物。这种特异性称为绝对特异性。如脲酶只能催化尿素水解生成 CO_2 和 NH_3,而对尿素的衍生物则无作用。

2. 相对特异性 一种酶可作用于一类底物或一种化学键发生一定的化学反应。这种不太严格的选择性称为相对特异性。如磷酸酶对一般的磷酸酯(如甘油磷酸酯、葡萄糖磷酸酯)都能水解,但其水解速度有差异。

3. 立体异构特异性 当底物具有立体异构现象时,一种酶只对底物的一种立体异构体具有催化作用,而对其立体对映体不起催化作用。如乳酸脱氢酶只能催化 L-乳酸生成丙酮酸,而不能作用于 D-乳酸。

（三）酶活性的不稳定性

酶的本质是蛋白质,必须在一定的 pH 值、温度和压力等条件下才能正常发挥作用。强酸、强碱、有机溶剂、重金属盐、高温、高压、紫外线等任何使蛋白质变性的理化因素都可以使酶蛋白变性,从而影响酶的催化作用,甚至使酶失去活性。

三、酶的命名和分类

（一）酶的命名

1. 习惯命名法 ①依据底物命名,如水解淀粉的酶称为淀粉酶、催化蛋白水解的酶称为蛋白酶;②依据化学反应类型命名,如催化脱氢反应的酶称为脱氢酶、催化转氨基的酶称为转氨酶;③综合上述两原则及酶的来源和特点命名,如乳酸脱氢酶、唾液淀粉酶等。习惯命名法简单、通俗、使用方便,但有时出现一酶数名或一名数酶现象。为此,国际酶学委员会以酶的分类为依据,于 1961 年提出了酶的系统命名法。

2. 系统命名法 规定每一种酶均有一个系统名称,它标明酶的所有底物与反应性质。底物名称之间用";"隔开。每种酶的分类编号都由四个数字组成,数字前冠以 EC,如葡萄糖激酶的系统命名为 ATP:葡萄糖磷酸基转移酶,分类编号为 EC 2.7.1.1,表示该酶催化从 ATP 转移一个磷酸基到葡萄糖分子上的化学反应。

知识链接

酶 的 发 现

1752 年,意大利科学家斯巴兰让尼首先发现老鹰的黄色胃液中有一种能分解食物的物质。1777 年,苏格兰医生史蒂文斯用导管插入哺乳类动物胃里,抽出胃液,发现它对食物有分解作用。1834 年,德国科学家施旺用氯化汞和动物胃液作用,得到一些白色沉淀,将汞除去后,发现剩余物质分解食物的能力竟比胃液还强。1878年,德国化学家屈内将这一系列从有机体中分泌出来、有催化能力的物质称为"酶"。1925年,美国奈尔大学独臂青年化学家萨姆纳不顾体残病弱,提纯出了酶,并证明这是蛋白质。1982年,美国化学家切赫和奥特曼破天荒地发现非蛋白质酶——核酶,它也可以充当生物催化剂。1989年,他们两人也因此获得诺贝尔化学奖。

(二)酶的分类

国际酶学委员会根据酶促反应的性质,将酶分为六大类。

1. 氧化还原酶类　催化底物进行氧化还原反应的酶类,如乳酸脱氢酶、细胞色素氧化酶等。

2. 转移酶类　催化底物分子之间基团转移或转换的酶类,如转甲基酶、丙氨酸氨基转移酶等。

3. 水解酶类　催化底物发生水解反应的酶类,如淀粉酶、脂肪酶、蛋白酶等。

4. 裂解酶类(裂合酶类)　催化一种底物分裂成两种产物或由两种底物合成一种产物的酶类,如醛缩酶、碳酸酐酶等。

5. 异构酶类　催化各种同分异构体之间相互转化的酶类,如磷酸葡萄糖异构酶、表构酶等。

6. 合成酶类(连接酶类)　催化两个底物分子合成一种物质,此过程需要消耗ATP才能完成,如谷氨酰胺合成酶、谷胱甘肽合成酶。

第二节　酶的结构和催化机制

一、酶的分子组成

酶的化学本质是蛋白质,按其化学组成分为两类。

(一)单纯酶

单纯酶是仅由氨基酸构成的单纯蛋白质,其催化活性主要由蛋白质结构决定,如蛋白酶、淀粉酶、脂肪酶等。

(二)结合酶

结合酶由蛋白质和非蛋白质两部分组成,前者称为酶蛋白,后者称为辅助因子,酶蛋白和辅助因子结合后形成的复合物称为全酶。生物体内多数酶是全酶。

辅助因子有的是金属离子,如 K^+、Na^+、Mg^{2+}、Zn^{2+}、Fe^{2+}、Cu^{2+} 等,有的是小分子有机化合物,如 B 族维生素及其衍生物。辅助因子据其与酶蛋白结合的紧密程度不同可分为辅酶和辅基。辅酶与酶蛋白结合疏松,用透析或超滤的方法易于除去(如 NAD^+、$NADP^+$ 等)。辅基与酶蛋白结合紧密,不能用透析或超滤的方法将其除去(如 FAD、FMN)。

酶蛋白或辅助因子单独存在时都不具有活性,只有两者结合组成全酶时才有催化活性。一种酶蛋白一般只能与一种辅助因子结合成一种特异酶,而一种辅助因子可以与多种酶蛋白结合成不同的特异酶。在全酶中,酶蛋白决定反应的特异性,辅助因子在反应中传递电子、质子或一些基团,决定反应的种类与性质。

二、酶的活性中心

酶蛋白中存在许多功能基团,但并不是每种基团都与酶的活性有关。其中与酶的活性密切相关的基团称为酶的必需基团。组氨酸残基的咪唑基、丝氨酸和苏氨酸残基的羟基(—OH)、半胱氨酸残基的巯基(—SH)及谷氨酸残基的 γ-羧基(—COOH)等都是常见的必需基团。这些必需基团在其一级结构上可能相距甚远,但肽链经过盘绕、折叠形成空间结构后,这些必需基团可彼此靠近,形成具有特定空间结构的区域,能与底物分子特异结合并催化底物转化为产物,这一区域称为酶的活性中心。对结合酶来说,辅酶或辅基可参与活性中心的组成。

酶的必需基团可分为活性中心内必需基团和活性中心外必需基团。活性中心内必需基团按其功能又分为两类:一类是能与底物和辅酶直接结合,使之与酶形成复合物的必需基团,称为结合基团;另一类是催化底物发生化学变化使之转化为产物的必需基团,称为催化基团(图 4-1)。活性中心内的一些必需基团可同时具有这两方面的功能;还有一些必需基团不参与活性中心的组成,而存在于活性中心之外,称为酶活性中心外的必需基团,其功能是维持酶活性中心空间构象的稳定。

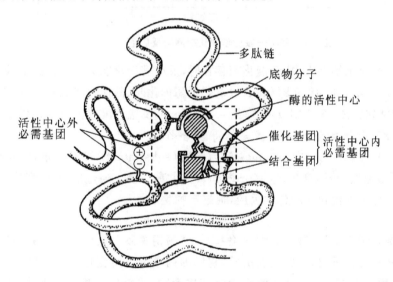

图 4-1 酶的活性中心示意图

三、酶促反应的机制

(一)活化分子与活化能

酶和一般的催化剂一样,加速反应的机制都是降低反应的活化能,即降低反应的能阈,能阈是指在化学反应中,底物分子必须具有的最低能量水平。在反应体系中,底物分子(基态)所含能量的平均水平较低,在反应的任一瞬间,能量达到或超过能阈水平的分子称为活化分子。只有活化分子才可能发生化学反应。底物分子从基态转变为活化态所需的能量称为活化能。活化分子数目越多,反应速度越快。酶通过其特有的作用机制,比一般催化剂更有效地降低反应的活化能,使底物分子只需较少的能量就可转变为活化分子,故其催化速率比一般催化剂高得多(图 4-2)。

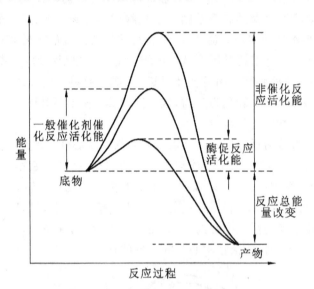

图 4-2　酶与一般化学催化剂降低反应活化能示意图

在过氧化氢水解反应中,无催化剂存在时,反应需活化能 75.6 kJ/mol;胶体钯作催化剂时,反应需活化能 48.9 kJ/mol;过氧化氢酶催化时,需活化能 8.4 kJ/mol。在酶催化下,反应活化能由 75.6 kJ/mol 降至 8.4 kJ/mol,反应速度提高百万倍以上。

(二)酶-底物复合物的形成与诱导契合作用

中间产物学说认为,酶(enzyme,E)与底物(substrate,S)结合形成酶-底物复合物(ES),然后复合物分解,产生产物(product,P),并释放酶。通过形成酶-底物复合物,进而引起底物分子发生相应的化学反应,促进产物生成。

$$E+S \Longleftrightarrow ES \longrightarrow E+P$$

诱导契合学说认为,酶与底物的关系不是"锁钥关系",它们的结构并不完全互补,当酶与底物相互接近时,彼此相互诱导,它们的构象都发生变化,从而使酶与底物结构互补,形成酶-底物复合物,最终使底物转变成产物,并释放出酶。酶-底物复合物的形成大幅度降低酶促反应所需活化能,加快化学反应速度。

四、酶原与酶原的激活

某些酶在细胞内合成和初分泌时,并无催化活性,这种无活性的酶前体称为酶原。在一定的条件下,酶原受某种因素影响,分子结构发生改变,形成活性中心,转变成具有活性的酶,这一过程称为酶原的激活。

酶原是体内某些酶暂不表现催化活性的一种特殊存在形式。胰蛋白酶、胃蛋白酶等在它们初分泌时均以无活性的酶原形式存在,在一定的条件下酶原才能转化成具有催化活性的酶。例如,胰蛋白酶原在胰腺细胞内合成和初分泌时并无催化活性,当它随胰液进入小肠后,在 Ca^{2+} 及肠激酶作用下,专一地切断肽链 N 端一段六肽,致使酶分子空间构象发生改变,形成活性中心,从而转变成有活性的胰蛋白酶(图4-3)。

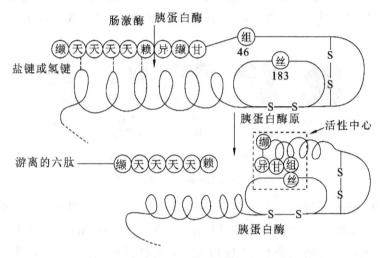

图 4-3　胰蛋白酶原激活示意图

在组织细胞内,某些酶以酶原形式存在的意义在于既可避免细胞产生的蛋白酶对细胞进行自身消化,防止组织自溶,又可使酶原到达特定部位或环境后发挥作用,保证体内代谢过程正常进行。

知识链接

酶原激活与疾病

临床上有些疾病属于自身消化性疾病,如急性胰腺炎。正常胰腺能分泌十几种酶,主要是胰蛋白酶、胰淀粉酶、脂肪酶等。这些酶在胰腺内是以酶原的形式存在,胰腺还分泌胰蛋白酶抑制物质,抑制胰蛋白酶的活性。当胆管阻塞,胆汁逆流进入胰腺,激活胰酶,引起自身消化,胰腺组织水肿、细胞坏死,临床上出现急性腹痛、恶心、呕吐、腹膜炎和休克表现。

五、同工酶

同工酶是指催化的化学反应相同,但酶蛋白的分子结构、理化性质及免疫特征等不同的一组酶。同工酶存在于同一种属或同一机体的不同组织中,甚至在同一细胞的不同亚细胞结构中,它使不同的组织、器官和不同的亚细胞结构具有不同的代谢特征,从而为诊断不同器官的疾病提供了依据。

目前已发现有百余种同工酶,其中发现最早、研究最多的是乳酸脱氢酶(lactate dehydrogenase,LDH)。它是由 H 型(心肌型)亚基和 M 型(骨骼肌型)亚基组成的四聚体。这两种亚基以不同的比例组成五种同工酶:$LDH_1(H_4)$、$LDH_2(H_3M)$、$LDH_3(H_2M_2)$、$LDH_4(HM_3)$、$LDH_5(M_4)$(图 4-4)。由于分子结构的差异,五种同工酶具有不同的电泳速度,电泳时它们都移向正极,其电泳速度由 LDH_1 至 LDH_5 依次递减。

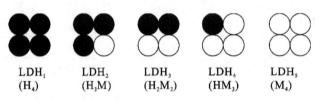

图 4-4　LDH 同工酶结构模式图
注　●H 型亚基;○M 型亚基。

LDH 同工酶在不同组织器官中的种类、含量与分布不同,这使得不同的组织器官具有不同的代谢特点。如肝、骨骼肌中 LDH_5 含量较高,而心肌中 LDH_1 含量最多。故当心肌梗死或心肌细胞损伤时,细胞内 LDH_1 大量释放入血,同工酶谱分析鉴定为 LDH_1 增高;而肝疾病时 LDH_5 明显增高,所以同工酶测定有助于疾病的诊断。

第三节　影响酶促反应速度的因素

酶的活性中心是催化作用的关键部位,能影响酶的活性中心发挥作用的因素都可影响酶的催化作用,进而影响酶促反应速度。实际上,酶的活性测定就是在一定条件下测定酶促反应速度。酶促反应速度是指单位时间内底物的减少量或产物的生成量,用酶促反应速度的大小来代表酶的活性。影响酶促反应速度的因素主要包括底物浓度、酶浓度、温度、酸碱度、激活剂、抑制剂等。

一、底物浓度的影响

在酶浓度与其他条件不变的情况下,底物浓度与反应速度的相互关系可用矩形双曲线表示(图 4-5)。在底物浓度较低时,反应速度随底物浓度的增加而急剧上升,两者呈正比关系。随着底物浓度进一步提高,反应速度不再呈正比例增加,反应速度增加的幅度逐渐下降。如果继续加大底物浓度,反应速度将不再增加,达到最大反应速度,此时酶的活性中心已被底物饱和。

酶促反应速度与底物浓度之间的变化关系,可用中间产物学说来说明。在底物浓度很低时,酶的活性中心大多没有与底物结合,增加底物浓度,复合物的形成与产物的生成均呈正比关系增加;当底物浓度继续增加,活性中心大部分与底物结合,随着底物浓度的增加,反应速度的增加逐渐趋缓;当底物增加到一定浓度时,所有的酶全部与底物形成了复合物,此时再增加底物浓度也不会增加酶-底物复合物的量,反应速度趋于恒定。

二、酶浓度的影响

在最适条件及底物浓度足够大,使酶被底物饱和时,酶促反应速度与酶浓度呈正比关系,即酶浓度越高,反应速度越快(图 4-6)。

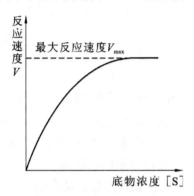

图 4-5　底物浓度对酶促反应速度的影响

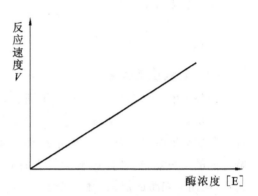

图 4-6　酶浓度对反应速度的影响

三、温度的影响

温度对酶促反应速度具有双重影响。一方面,酶促反应和一般化学反应一样,升高温度可加快反应速度;另一方面,随着温度升高,酶的变性能力增强,催化能力减弱。温度升高到 60 ℃以上时,大多数酶已变性;80 ℃时,多数酶的变性不可逆转,反应速度则因酶变性而降低。综合这两种因素,酶促反应速度达到最快时反应体系的温度称为酶促反应的最适温度。温血动物组织中酶的最适温度一般在 35～40 ℃之间。酶促反应速度与温度升高呈钟形曲线的关系(图4-7)。酶的最适温度不是酶的特征性常数,它与反应进行的时间有关。酶可以在短时间内耐受较高的温度;相反,延长反应时间,最适温度便降低。

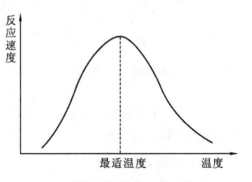

图 4-7　温度对淀粉酶活性的影响

低温可降低酶的活性,但低温不破坏酶的活性,温度回升后,酶又恢复其活性。临床上低温麻醉便是利用酶的这一特性以减慢组织细胞代谢速度,提高患者对氧和营养物质缺乏的耐受力。低温保存生物制品也是基于这一原理。另外,利用高温使酶蛋白变性的原理可进行消毒灭菌。

温度对酶的影响在临床上的应用

酶对环境温度有一定的要求，在最适温度下，酶的活性最高，温度过高或过低，酶的活性都会下降。低温下，酶的活性下降，可延长组织器官的寿命。因此，临床上保存离体组织和器官时，均采用低温保存，以便提高移植组织和器官的成活率。

四、酸碱度的影响

酶分子中的许多极性基团，在不同的 pH 值条件下解离状态不同，酶的活性中心的某些必需基团只在某一解离状态时，才最容易同底物结合或具有最大催化活性。此外，许多底物与辅酶（如 NAD^+、辅酶 A、氨基酸等）也具有解离性质，pH 值的改变也可影响它们的解离状态，从而影响酶与它们的结合力。pH 值还可影响酶活性中心的空间构象，从而影响酶的催化活性。因此，pH 值的改变对酶的催化作用影响很大（图 4-8）。

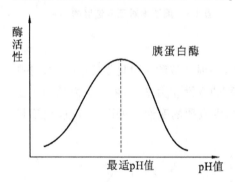

图 4-8　pH 值的改变对酶催化作用的影响

酶催化活性最大时的反应体系的 pH 值称为酶促反应的最适 pH 值。它受底物浓度、缓冲溶液的种类与浓度、酶的纯度等因素的影响。每一种酶都有一个最适 pH 值，高于或低于最适 pH 值，酶活性就下降，偏离最适 pH 值越远，酶活性降低就越明显。生物体内多数酶的最适 pH 值接近中性，但也有例外，如胃蛋白酶最适 pH 值约为 1.8，肝精氨酸酶的最适 pH 值约为 9.8。此外，同一种酶催化不同的底物的最适 pH 值也稍有不同。

由于 pH 值对酶活性有显著影响，所以在测定酶活性时，应选用适宜的缓冲溶液，以保持酶活性的相对稳定。

五、激活剂的影响

使酶从无活性转变为有活性或使酶活性增加的物质称为酶的激活剂。激活剂分为必需激活剂和非必需激活剂。必需激活剂对酶促反应是不可缺少的，大多是金属离子，如 Mg^{2+}、K^+、Mn^{2+} 等。非必需激活剂可使酶活性升高，但没有时，酶仍有一定的催化活性，只是催化效率较低。如 Cl^- 是唾液淀粉酶的非必需激活剂；胆汁酸盐是胰脂肪酶的非必需激活剂。激活剂在构成酶分子的空间结构、维持其稳定性上具有重要作用。

六、抑制剂的影响

能选择性地使酶的活性降低或丧失,但不能使酶蛋白变性的物质统称为酶的抑制剂。无选择地使所有酶活性都降低甚至变性的物质(如强酸、强碱等)不属于抑制剂的范畴。抑制剂多与酶活性中心内、外的必需基团结合,直接或间接地影响酶的活性中心,从而抑制酶的活性。根据抑制剂与酶结合的紧密程度不同,可分为不可逆性抑制和可逆性抑制两类。

(一)不可逆性抑制

抑制剂与酶活性中心的必需基团以共价键结合而使酶失去活性,不能用透析、超滤等物理方法予以去除,只能靠某些药物才能解除抑制剂,使酶活性恢复,这种抑制称为不可逆性抑制。例如,农药敌百虫、敌敌畏等一些有机磷杀虫剂能专一地与胆碱酯酶活性中心的丝氨酸残基的羟基结合,使酶磷酰化而抑制酶的活性。通常把这些能够与酶活性中心的必需基团发生共价结合,从而抑制酶活性的抑制剂称为专一性抑制剂。

$$\text{酶—OH} \ + \ \underset{OR_2}{\overset{O}{\underset{|}{\overset{\|}{X{-}P{-}OR_1}}}} \longrightarrow \underset{OR_2}{\overset{O}{\underset{|}{\overset{\|}{\text{酶—O—P—OR}_1}}}} + \ \text{HX}$$

胆碱酯酶　　　　有机磷化合物　　　　　　　磷酰化胆碱酯酶　酸
(有活性)　　(其中R为烷基,X为卤族元素)　　　(失活)

胆碱酯酶活性受到抑制,使胆碱能神经末梢分泌的乙酰胆碱积蓄,造成迷走神经兴奋而呈现中毒症状,如心率变慢、肌痉挛、呼吸困难、流涎等。临床上常采用解磷定治疗有机磷化合物中毒。解磷定可以解除有机磷化合物对羟基酶的抑制作用。

再如某些重金属离子(Hg^+、Ag^+、Pb^{2+})及As^{3+}可与酶分子的巯基(—SH)进行结合而使酶失去活性。由于这些抑制剂所结合的巯基不局限于必需基团,所以此类抑制剂又称为非专一性抑制剂。化学毒气路易士气是一种含砷的化合物,它能抑制体内巯基酶而使人畜中毒。

$$\underset{Cl}{\overset{Cl}{\underset{|}{\overset{|}{As{-}CH{=}CHCl}}}} + \underset{SH}{\overset{SH}{E}} \longrightarrow \underset{S}{\overset{S}{E}} As{-}CH{=}CHCl + 2HCl$$

路易士气　　　　巯基酶　　　失活的酶

临床上常用富含—SH的二巯基丙醇或二巯基丁二酸钠作为解毒剂,以恢复巯基酶的活性。

(二)可逆性抑制

抑制剂以非共价键与酶和(或)酶-底物复合物可逆性结合,使酶活性降低或丧失,可用透析或超滤等方法除去抑制剂,恢复酶的活性。这种抑制剂作用称为可逆性抑制。可逆性抑制又可分为两种类型。

1. 竞争性抑制作用 抑制剂与底物结构相似,因而能竞争性地与酶的活性中心结合,使底物与酶结合的概率减少,酶促反应速度降低,这种抑制作用称为竞争性抑制作用。竞争性抑制作用的强弱取决于抑制剂和底物浓度的相对比例。在抑制剂浓度不变时,增加底物浓度可以减弱甚至解除抑制剂对酶的抑制作用。在底物浓度不变时,抑制剂只有达到一定浓度才起抑制作用。

例如,丙二酸、草酰乙酸与琥珀酸结构相似,它们都能与琥珀酸脱氢酶的活性中心结合,都是琥珀酸脱氢酶的竞争性抑制剂。

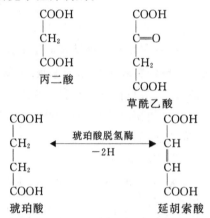

应用竞争性抑制的原理可阐明某些药物的作用机制,如磺胺类药物便是通过竞争性抑制作用来抑制细菌生长的。对磺胺类药物敏感的细菌在生长繁殖时,不能直接利用环境中的叶酸,而是在菌体内二氢叶酸合成酶的催化下,由对氨基苯甲酸、二氢蝶呤、谷氨酸合成二氢叶酸。二氢叶酸进一步还原成四氢叶酸。四氢叶酸是细菌合成核苷酸不可缺少的辅酶。

磺胺类药物与对氨基苯甲酸结构相似,是二氢叶酸合成酶的竞争性抑制剂,可抑制二氢叶酸的合成,进而影响四氢叶酸的合成,抑制了细菌的生长繁殖。人体能直接利用食物中的叶酸,所以人体的核酸合成不受磺胺类药物干扰。根据竞争性抑制特点,在使用磺胺类药物时,必须保持血液中药物的有效浓度,才能发挥抑菌作用。

$$H_2N-\!\!\!\bigcirc\!\!\!-COOH \qquad H_2N-\!\!\!\bigcirc\!\!\!-SO_2NHR$$

对氨基苯甲酸 　　　　　　　　　磺胺类药物

许多抗代谢类抗癌药物,如氨基蝶呤、5-氟尿嘧啶、6-巯基嘌呤等,几乎都是酶的竞争性抑制剂,它们分别抑制四氢叶酸、脱氧胸苷酸及嘌呤核苷酸的合成,达到抑制肿瘤的目的。

2. 非竞争性抑制作用 抑制剂与底物结构不相似,不能与底物竞争酶的活性中心,而是与活性中心外的部位结合。此种结合不影响酶与底物的结合,同时,酶与底物的结合也不影响酶与抑制剂的结合,底物与酶之间无竞争关系。这种抑制作用称为非竞争性抑制作用。此抑制作用的强弱取决于抑制剂的浓度,不能用增加底物浓度的方法减弱或消除抑制作用。

第四节　酶在医药学上的应用

一、酶与疾病的发生

某些疾病的发生是由酶的质和量异常引起的。如酪氨酸酶缺乏的患者,不能将酪氨酸转变成黑色素,导致皮肤、毛发缺乏黑色素而患白化病。现已发现的140多种先天性代谢缺陷病,多由酶的缺陷所致。表4-1列出部分遗传性酶缺陷病及其所缺陷的酶。

表 4-1　遗传性酶缺陷所致疾病

缺 陷 酶	相 应 疾 病
酪氨酸酶	白化病
尿黑酸氧化酶	尿黑酸尿症
苯丙氨酸羟化酶系	苯丙酮酸尿症
1-磷酸半乳糖尿苷转换酶	半乳糖血症
葡萄糖-6-磷酸酶	糖原累积症
6-磷酸葡萄糖脱氢酶	蚕豆病
高铁血红蛋白还原酶	高铁血红蛋白血症
谷胱甘肽过氧化物酶	新生儿黄疸
肌腺苷酸脱氢酶	肌病

许多疾病可引起酶的异常,酶的异常进而又可加重病情。例如,急性胰腺炎时,胰蛋白酶原在胰腺中被激活,造成胰腺组织被水解破坏。

临床上某些疾病是由于酶的活性受到抑制所致。如有机磷农药中毒是由于抑制了胆碱酯酶活性而致;重金属盐中毒是抑制了巯基酶活性;氰化物中毒是抑制了细胞色素氧化酶等。

二、酶与疾病的诊断

某些病变可导致体液中酶含量或酶活性异常。因此通过对血、尿等液体和分泌液中某些酶活性的测定,可以反映某些组织器官病变状况,而有助于疾病的诊断。引起酶活性改变的几种常见病理情况如下。

(1)某些组织器官损伤后造成细胞破坏,细胞膜通透性升高,细胞内的某些酶可大量释放入血,导致血液中酶活性升高。如患急性肝炎时,丙氨酸氨基转移酶活性升高;患急性胰腺炎时,血清淀粉酶活性增高。

(2)细胞转换率增加或细胞增殖加快,释放入血的酶量增加。如恶性肿瘤迅速生长时,其标志酶的释放量亦增加。前列腺癌患者,血清酸性磷酸酶活性显著升高。

(3)酶的清除障碍或分泌受阻也可引起血清酶活性升高,如肝硬化时,使血清碱性磷酸酶清除的受体减少,造成血清中该酶活性增加。

(4)酶的合成或诱导增加,如胆管堵塞造成胆汁反流,可诱导肝合成碱性磷酸酶大大增加。

（5）某些酶合成减少，如肝功能严重受损时，许多肝合成的酶量减少。

（6）酶合成障碍或酶活性受抑制时，可使血中某些酶活性降低。如肝功能低下时，凝血酶原合成障碍，使该酶活性降低。有机磷农药中毒时，胆碱酯酶活性下降。

三、酶与疾病的治疗

酶可作为药物用于疾病治疗，如胃蛋白酶、胰蛋白酶、胰脂肪酶、胰淀粉酶、多酶片等可用于帮助消化；溶菌酶、胰蛋白酶、木瓜蛋白酶、胰凝乳蛋白酶、链激酶、尿激酶和纤溶酶等可用于外科扩创、化脓伤口的净化、浆膜粘连的防治和某些炎症治疗；链激酶、尿激酶和纤溶酶等均可溶解血栓，防止血栓形成，可用于脑血栓、心肌梗死等疾病的防治；利用天门冬酰胺酶治疗恶性肿瘤；利用弹性蛋白酶治疗高脂蛋白血症，防止动脉硬化。

小 结

酶是由活细胞合成的、对其特异底物具有高效催化功能的特殊蛋白质。酶促反应具有高度的催化速率、高度的特异性和酶活性不稳定的特点。按酶促反应的性质，酶可分为氧化还原酶类等六大类。

根据酶的分子组成不同，酶可分为单纯酶和结合酶。单纯酶是仅由氨基酸构成的单纯蛋白质，其催化活性主要由蛋白质结构决定；结合酶由酶蛋白和辅助因子组成，又称全酶。辅助因子是金属离子或小分子有机化合物，据其与酶蛋白结合的紧密程度不同可分为辅酶和辅基。

酶的必需基团组成具有特定空间结构的酶的活性中心；在体内有些酶是以无活性的酶原形式存在，只有在需要发挥作用时才转化成有活性的酶；同工酶是指催化的化学反应相同，但酶蛋白的分子结构、理化性质及免疫特征等不同的一组酶，同工酶在不同的组织与细胞中具有不同的代谢特点。

酶的催化机制是酶与底物诱导契合形成酶-底物复合物，通过大幅度降低反应活化能，发挥高度催化效率。

底物浓度、酶浓度、温度、酸碱度、激活剂、抑制剂等因素可影响酶促反应速度。酶与疾病发生、诊断、治疗关系密切。

能力检测

一、名词解释

1. 酶的活性中心　2. 酶原　3. 竞争性抑制　4. 不可逆性抑制　5. 同工酶

二、填空题

1. 在结合酶分子中通常由氨基酸组成的部分称为_____，由 B 族维生素和金属离子等组成的部分称为_____,只有两者结合,酶才具有催化活性。

2. 酶的可逆性抑制剂主要分为_____和_____两大类。前者是与酶的活性中心结合,后者是与_____部位结合,后者的抑制作用不再受_____的影响。

3. 磺胺类药物对细菌二氢叶酸合成酶的抑制属于_____抑制。

4. 竞争性抑制的强弱取决于_____和_____两者浓度之比,比值越高,抑制作用越_____。

5. 某些重金属离子可与酶分子的_____进行结合,使酶失去_____。

三、单项选择题

1. 关于酶的叙述哪项是正确的?(　　　)
A. 所有的酶都含有辅基或辅酶
B. 只能在体内起催化作用
C. 酶的化学本质是蛋白质
D. 能改变化学反应的平衡点加速反应的进行
E. 都具有立体异构专一性(特异性)

2. 酶原所以没有活性是因为(　　　)。
A. 酶蛋白肽链合成不完全　　　　　　B. 活性中心未形成或未暴露
C. 酶原是普通的蛋白质　　　　　　　D. 缺乏辅酶或辅基
E. 酶原是已经变性的蛋白质

3. 磺胺类药物的类似物是(　　　)。
A. 四氢叶酸　　　B. 二氢叶酸　　　C. 对氨基苯甲酸　　　D. 叶酸　　　E. 嘧啶

4. 关于酶活性中心的叙述,哪项不正确?(　　　)
A. 酶与底物接触只限于酶分子上与酶活性密切相关的较小区域
B. 必需基团可位于活性中心之内,也可位于活性中心之外
C. 酶的活性中心一般是由一级结构上相邻的几个氨基酸的残基彼此靠近而形成的
D. 酶原激活实际上就是完整的活性中心形成的过程
E. 当底物分子与酶分子相接触时,可引起酶活性中心的构象改变

5. 乳酸脱氢酶催化 L-乳酸脱氢而不催化 D-乳酸脱氢,说明该酶具有(　　　)。
A. 专一性　　　　　　　　　　　　B. 相对专一性
C. 绝对专一性　　　　　　　　　　D. 立体异构专一性
E. 辅助因子

6. 下列关于酶蛋白和辅助因子的叙述,哪一点不正确?(　　　)
A. 酶蛋白或辅助因子单独存在时均无催化作用
B. 一种酶蛋白只与一种辅助因子结合成一种全酶
C. 一种辅助因子只能与一种酶蛋白结合成一种全酶
D. 酶蛋白决定酶的专一性

E. 辅助因子直接参加反应

7. 有机磷杀虫剂对胆碱酯酶的抑制作用属于（　　　）。

A. 可逆性抑制作用 　　　　　　　　　B. 竞争性抑制作用

C. 非竞争性抑制作用 　　　　　　　　D. 反竞争性抑制作用

E. 不可逆性抑制作用

8. 酶能加速化学反应的进行是由于哪一种效应的结果？（　　　）

A. 向反应体系提供能量 　　　　　　　B. 降低反应的活化能

C. 降低底物的能量水平 　　　　　　　D. 提高底物的能量水平

E. 提高产物的能量水平

9. 丙二酸对于琥珀酸脱氢酶的影响属于（　　　）。

A. 反馈抑制 　　　　　　　　　　　　B. 底物抑制

C. 竞争性抑制 　　　　　　　　　　　D. 非竞争性抑制

E. 变构调节

四、简答题

1. 什么是酶？酶催化的特点有哪些？

2. 何谓酶的特异性？可分为哪几种类型？

3. 酶原的存在有何生物学意义？

4. 影响酶促反应的因素有哪些？

5. 磺胺类药物作用的机制是什么？

（陕西省咸阳市卫生学校　　白冬琴）

第五章 维 生 素

掌握 维生素的概念和特点;分类及其依据。

熟悉 各种维生素的来源、生化功用及缺乏症;维生素缺乏症的原因。

了解 维生素的命名;中毒。

第一节 概 述

一、维生素的概念和特点

(一)概念

维生素是维持人体正常生命活动所必需的一类营养素,是人体内不能合成或合成量甚少、必须由食物供给的一类低分子有机物。

(二)特点

维生素有以下特点:①维生素是维持人体生长和健康所必需的一类营养素;②维生素因在体内不能合成或合成量极少,故不能满足机体的需要,必须从食物中摄取;③虽然维生素既不是构成机体的组成成分,也不是供能物质,然而在调节人体物质代谢和维持正常功能等方面却发挥着极其重要的作用;④长期缺乏某种维生素时,会发生物质代谢的障碍,并出现相应的维生素缺乏症。

二、维生素的命名和分类

(一)命名

维生素有三种命名系统。一是按其被发现的先后以拉丁字母顺序进行命名,如维生素 A、B、C、D、E、K 等。二是根据其生理功能和治疗作用命名,如维生素 A 又称抗干眼病维生素,维生素 C 又称抗坏血酸等。三是根据其化学结构特点命名,如维生素 A 又称视黄醇,维生素 B_1 又称硫胺素等。有些维生素在最初发现时认为是一种,后经证明是多种维生素混合存在,命名时便在其原拉丁字母下方标注 1、2、3 等数字加以区别,如维生素 B_1、B_2、B_6、B_{12} 等。

(二)分类

维生素按其溶解性不同,可分为脂溶性维生素和水溶性维生素两大类。脂溶性维生素包括 A、D、E、K 四种;水溶性维生素包括 B 族维生素和维生素 C 两种。B 族维生素又包括维生素 B_1、维生素 B_2、维生素 PP、泛酸、维生素 B_6、生物素、叶酸、维生素 B_{12}。

三、维生素缺乏症的原因

维生素缺乏症的主要原因有以下几点。

(1) 摄入量的不足。膳食构成或膳食调配不合理、严重的偏食、食物的烹调方法和储藏不当均可造成机体某些维生素的摄入不足。如淘米过度、煮稀饭加碱、米面加工过细等可使维生素 B_1 大量丢失破坏;新鲜蔬菜、水果储存过久或炒菜时先切后洗,可造成维生素 C 的丢失和破坏。

(2) 机体的吸收利用率降低。这多见于消化系统疾病的患者。如长期腹泻、消化道或胆道梗阻、胃酸分泌减少等均可造成维生素的吸收及利用减少。胆汁分泌受限可影响脂类的消化吸收,使脂溶性维生素的吸收大大降低。

(3) 需要量相对增加。孕妇、哺乳期妇女、生长发育期的儿童、重体力劳动者及长期高烧和慢性消耗性疾病患者对维生素的需要量相对增加,但未及时得到补充。

(4) 某些药物引起的维生素缺乏。长期服用抗生素可抑制肠道正常菌群的生长,从而引起某些由肠道细菌合成的维生素缺乏,如维生素 K、维生素 B_6、叶酸、生物素、维生素 PP 等。

(5) 日光照射不足,可使皮肤内维生素 D_3 的产生不足,易造成小儿佝偻病或成人软骨病。

四、维生素中毒

水溶性维生素易随尿排出体外,当摄入过多时,多以原形从尿中排出体外,不易引起机体中毒。

脂溶性维生素在人体内大部分储存于肝脏及脂肪组织,可通过胆汁代谢排出体外。当大剂量摄入时,有可能干扰其他营养素的代谢,并导致体内积存过多而引起中毒。

第二节 脂溶性维生素

脂溶性维生素包括维生素 A、D、E、K,它们不溶于水,但能溶于脂类及多种有机溶剂。食物中的脂溶性维生素与脂类共存,其吸收与脂类吸收密切相关。脂溶性维生素主要储存在肝脏或脂肪组织中,短期缺乏不致引起缺乏症,长期过量摄入可出现中毒反应。

一、维生素 A

(一) 化学本质、性质及来源

维生素 A 又称抗干眼病维生素,是环状不饱和一元醇,有 A_1(视黄醇)、A_2(3-脱氢视黄醇)两种形式(图 5-1)。维生素 A 在体内的活性形式主要是视黄醇,重要的异构体有全反型和 11-顺型。

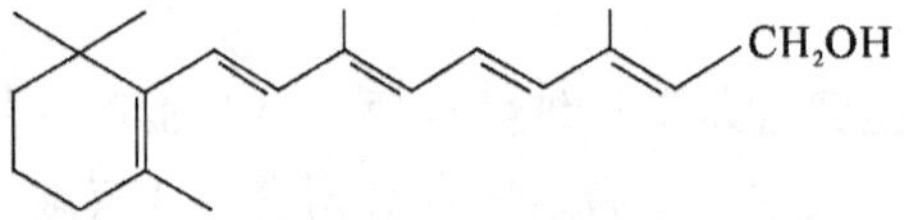

(a) 维生素A_1(视黄醇) 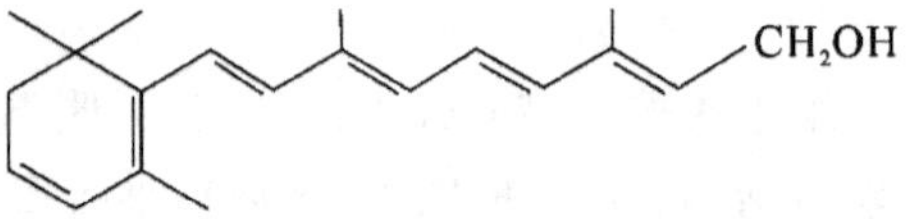　　　　　(b) 维生素A_2(3-脱氢视黄醇)

图 5-1　维生素 A_1 和维生素 A_2

知识链接

维生素 A 的发现

抗干眼病维生素(维生素 A),亦称美容维生素,由 Elmer McCollum 和 M. Davis 在 1912 至 1914 年之间发现。它并不是单一的化合物,而是一系列视黄醇的衍生物(视黄醇亦被译作维生素 A 醇、松香油),别称抗干眼病维生素,多存在于鱼肝油内。

维生素 A 因在空气中易被氧化而失活,遇热和光更易被氧化,遇紫外线照射也易被破坏,故维生素 A 制剂要在棕色瓶内避光保存。

维生素 A 主要来自动物性食品,如肝、肉类、蛋黄、乳制品、鱼肝油。植物性食品虽然不含维生素 A,但含有称为维生素 A 原的多种胡萝卜素,其中以 β-胡萝卜素最为重要。胡萝卜、菠菜、番茄、红辣椒等都含有丰富的胡萝卜素。这类本身不具有维生素 A 的活性、但在体内却可以转变为维生素 A 的物质,称为维生素 A 原。

(二)生化功用及缺乏症

1. 构成视觉细胞内的感光物质

人类视网膜内有两种感光细胞——视锥细胞与视杆细胞,其中视杆细胞内的感光物质是视紫红质,它对弱光敏感,与暗视觉有关。视紫红质是由维生素 A 转变而来的 11-顺型视黄醛与视蛋白结合后构成的。当视紫红质感光后,其 11-顺型视黄醛迅速光异构为全反型视黄醛,与视蛋白分离,同时产生神经冲动,传至大脑引发暗视觉。眼睛对弱光的敏感度取决于视紫红质的浓度。当维生素 A 缺乏时,11-顺型视黄醛得不到足够的补充,视紫红质合成减少,对弱光的敏感度降低,在暗处不能辨别物体,严重时可发生夜盲症。

2. 维持上皮组织结构完整和促进生长发育

维生素 A 可促进上皮组织中糖蛋白的合成,糖蛋白与细胞的结构和分泌功能有关。维生素 A 缺乏时,糖蛋白合成障碍,引起皮肤及各器官如呼吸道、消化道、腺体等上皮组织干燥、增生和角化,表现出皮肤粗糙、毛囊角质化等症状,骨的生长发育也随之受到影响。由于上皮组织不健全,抵抗力降低而易于感染,如眼部角膜和结膜表皮细胞蜕变,泪腺萎缩,泪液分泌减少,将发生干眼病和角膜软化症,故维生素 A 又称抗干眼病维生素。

3. 具有抗癌作用

动物实验表明,维生素 A 有可诱导细胞分化和减轻致癌物质的作用,流行病学调查也显示维生素 A 与癌症的发生呈负相关。

4. 具有抗衰老作用

维生素 A 和胡萝卜素在氧分压较低的条件下,能直接消除自由基,有助于控制细胞膜和富含脂质组织的脂质过氧化,是有效的抗氧化剂。

然而,摄入维生素 A 过量可引起中毒,主要表现为皮肤干燥、瘙痒、毛发易脱落、厌食、肝大、烦躁等。

二、维生素 D

(一) 化学本质、性质及来源

维生素 D 是类固醇衍生物(图 5-2),种类很多,主要以维生素 D_2、维生素 D_3 最为重要,维生素 D_2 又称麦角钙化醇,维生素 D_3 又称胆钙化醇。维生素 D 性质稳定,耐热,不易受氧、酸、碱等破坏。

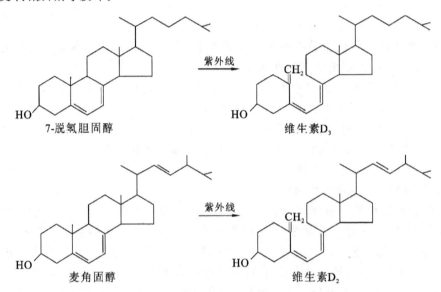

图 5-2 维生素 D_2 和维生素 D_3

知识链接

维生素 D 的发现

钙化醇(维生素 D)由 Edward Mellanby 于 1922 年发现,亦称为骨化醇、抗佝偻病维生素,主要有维生素 D_2(即麦角钙化醇)和维生素 D_3(即胆钙化醇),多存在于鱼肝油、蛋黄、乳制品、酵母等食物中。

维生素 D 主要来源于动物性食物,如鱼肝油、肝、牛奶、蛋黄等。体内胆固醇转变为 7-脱氢胆固醇,在皮下经紫外线照射可转变成维生素 D_3,因此 7-脱氢胆固醇被称为维生素 D_3 原。酵母及植物油中含有不被人体吸收的麦角固醇,它在紫外线作用下可转变为维生素 D_2 而被人体吸收,故称为维生素 D_2 原。

在体内维生素 D 本身并没有活性,它必须在肝、肾中进行羟化反应生成 1,25-二羟维生素 D_3(1,25-$(OH)_2$-D_3)才能发挥作用。因此,1,25-$(OH)_2$-D_3 是维生素 D_3 的活性形式。

$$\text{Vit D} \xrightarrow[\text{O}_2,\text{NADPH(肝)}]{\text{25-羟化酶}} \text{25-OH-D}_3 \xrightarrow[\text{O}_2,\text{NADPH(肾)}]{\text{1}\alpha\text{-羟化酶}} 1,25\text{-(OH)}_2\text{-D}_3$$

(二)生化功用及缺乏症

1,25-$(OH)_2$-D_3 作用的部位是小肠黏膜、肾、骨组织等。它能促进小肠细胞中钙结合蛋白的合成,使小肠对钙、磷的吸收增加,促进肾小管对钙、磷的重吸收,从而维持血浆中钙、磷的平衡。同时可促进成骨细胞的形成和骨的钙化。儿童缺乏可引起佝偻病,成人缺乏可引起软骨病。

服用过量的维生素 D 可引起高钙血症、高钙尿症、高血压等。

三、维生素 E

(一)化学本质、性质及来源

维生素 E 又名生育酚,为苯骈二氢吡喃的衍生物。维生素 E 在无氧条件下对热稳定,因对氧极为敏感,易于自身氧化而保护其他物质不被氧化,故具有抗氧化作用。

维生素 E 主要存在于植物油、油性种子、绿叶蔬菜及麦芽中,尤其是麦胚油、豆油、玉米油中最为丰富。

(二)生化功用及缺乏症

(1)维生素 E 具有抗氧化作用。体内物质代谢过程中,常常产生超氧阴离子、羟自由基、H_2O_2 等活性氧,这些活性氧具有强氧化性,能使生物膜上大多数不饱和脂肪酸发生过氧化反应,产生脂质过氧化物,造成生物膜损伤。维生素 E 能阻断膜脂质的过氧化反应,捕捉自由基,从而保护生物膜的结构与功能。

(2)动物缺乏维生素 E 将导致其生殖器官发育不良,甚至不育。但人类尚未发现维生素 E 缺乏而导致的不孕症。临床上常用维生素 E 治疗先兆流产和习惯性流产。

(3)维生素 E 能促进血红素合成。主要是提高血红素合成中的关键酶 δ-氨基-γ-酮戊酸(ALA)合酶及 ALA 脱水酶的活性,从而促进血红素的合成。

人类尚未发现维生素 E 缺乏症。

四、维生素 K

(一)化学本质、性质及来源

维生素 K 是具有 2-甲基-1,4-萘醌的衍生物,天然维生素 K 有 K_1、K_2 两种,K_1 广泛存在于绿叶蔬菜和植物油中;K_2 由人体肠道细菌代谢产生,它们均为脂溶性维生素。临床上所用的 K_3、K_4 均为人工合成,较稳定且为水溶性维生素,其活性高于 K_1、K_2,可供口服或注射。

维生素 K 对热稳定,易受光和碱的破坏。体内维生素 K 主要来源于动物肝、鱼、肉及绿叶蔬菜中,主要在小肠吸收,经淋巴入血,并转运至肝储存。维生素 K 还来源于肠道细菌合成。

维生素 K 的发现及来源

　　萘醌类（维生素 K）由 Henrik Dam 在 1929 年发现。它是一系列萘醌的衍生物的统称，主要有天然的、来自植物的维生素 K_1，来自动物的维生素 K_2，以及人工合成的维生素 K_3 和维生素 K_4。同时它又被称为凝血维生素，多存在于菠菜、苜蓿、白菜、肝脏等物质中。

（二）生化功用及缺乏症

　　维生素 K 能促进体内凝血因子 Ⅱ、Ⅶ、Ⅸ 和 Ⅹ 的合成，其作用机制是上述凝血因子的谷氨酸残基羧化为 γ-羧基谷氨酸后与 Ca^{2+} 有很强的螯合能力，而催化这一反应的是 γ-谷氨酰羧化酶，维生素 K 是其辅助因子，其结果使凝血因子由无活性状态转化为有活性的状态，从而促进血液的凝固。

　　维生素 K 缺乏表现为凝血功能障碍、凝血时间延长，严重缺乏时皮下、肌肉及胃肠道可出血。

五、硫辛酸

（一）化学本质、性质及来源

　　硫辛酸的化学结构是一个含硫的八碳酸，以氧化型（硫辛酸）和还原型（二氢硫辛酸）两种形式存在。

　　硫辛酸不溶于水，而溶于脂溶剂，故有人将其归为脂溶性维生素。它在食物和维生素 B_1 中同时存在。

$$
\underset{\text{硫辛酸（氧化型）}}{
\begin{array}{c}
\text{H}_2\text{C}\!\!\overbrace{}^{\text{C}\text{H}_2}\\
\text{H}_2\text{C} \quad \text{CH}-(\text{CH}_2)_4-\text{COOH}\\
| \qquad |\\
\text{S} \qquad \text{S}
\end{array}
}
\underset{-2H}{\overset{+2H}{\rightleftharpoons}}
\underset{\text{硫辛酸（还原型）}}{
\begin{array}{c}
\text{H}_2\text{C}\!\!\overbrace{}^{\text{C}\text{H}_2}\\
\text{H}_2\text{C} \quad \text{CH}-(\text{CH}_2)_4-\text{COOH}\\
| \qquad |\\
\text{SH} \qquad \text{SH}
\end{array}
}
$$

（二）生化功用及缺乏症

　　二氢硫辛酸是二氢硫辛酸乙酰转移酶的辅酶，参与糖代谢中 α-酮酸的氧化脱羧作用。硫辛酸具有抗脂肪肝和降低血胆固醇的作用。另外，它很容易进行氧化还原反应，故可保护巯基酶免受金属离子的损害。目前尚未发现人类有硫辛酸的缺乏病。

第三节　水溶性维生素

　　水溶性维生素包括 B 族维生素和维生素 C。自然界中粗粮食物 B 族维生素含量多，而维生素 C 在新鲜的蔬菜、水果中含量丰富。它们在人体内均不能存储，多余的即随尿排出,因此需经常从食物中摄取。B 族维生素的主要生理功能是作为某些酶的辅酶或辅基的主要成分参与体内的物质代谢。维生素 C 是体内重要的还原剂,又是参与体内某些羟化反应的必需辅助因子。

一、维生素 B$_1$

(一) 化学本质、性质及来源

维生素 B$_1$ 又称抗脚气病维生素。由于分子中含硫和氨基,故又名为硫胺素(thiamine),它由噻唑环与嘧啶环两部分构成。维生素 B$_1$ 主要在肝内与焦磷酸结合,转变为焦磷酸硫胺素(TPP)而发挥作用,故体内活性形式为 TPP(图 5-3)。

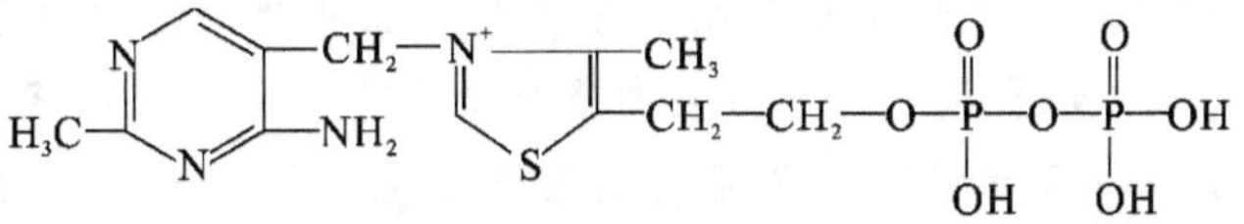

图 5-3 焦磷酸硫胺素

维生素 B$_1$ 纯品为白色结晶,极易溶于水,在中性、碱性环境下加热易破坏,在酸性溶液中稳定且耐热。

知识链接

维生素 B$_1$ 的来源及发现

硫胺素(维生素 B$_1$)由卡西米尔·冯克于 1912 年发现,在生物体体内通常以焦磷酸硫胺素盐的形式存在。

维生素 B$_1$ 主要存在于谷类、豆类的种皮、胚芽、酵母、干果、蔬菜中,尤以米糠、麦麸、黄豆、瘦肉、蛋类等中的含量较为丰富。因此,长期进食加工过于精制的米、面易发生维生素 B$_1$ 缺乏。在烹调食物时不宜加碱,淘米时不宜多洗,以免造成维生素 B$_1$ 损失。

(二) 生化功用及缺乏症

(1) 参与 α-酮酸氧化脱羧反应。TPP 是 α-酮酸氧化脱羧酶的辅酶,参与糖代谢。当维生素 B$_1$ 缺乏时,糖代谢中间产物 α-酮酸氧化供能障碍,血中丙酮酸、乳酸堆积,影响组织细胞的功能。特别是神经组织主要靠糖氧化供能,此时能量供应不足,神经髓鞘中的鞘磷脂合成受阻,导致出现慢性末梢神经炎及其他神经病变。同时,心肌的代谢和功能也受到影响。因此,患者出现健忘、易怒、食欲不振、手足麻木、肌肉萎缩、心力衰竭、水肿等症状体征,此称脚气病。

(2) 抑制胆碱酯酶的活性。维生素 B$_1$ 还可抑制胆碱酯酶的活性,减少乙酰胆碱的水解。乙酰胆碱是神经传导递质,当维生素 B$_1$ 缺乏时,由于胆碱酯酶的活性增强,乙酰胆碱的水解加速,使神经正常传导受到影响,可造成胃肠蠕动缓慢、消化液分泌减少,从而出现食欲不振、消化不良等症状。

（3）TPP 是转酮醇酶的辅酶，参与体内磷酸戊糖途径的代谢。

二、维生素 B₂

（一）化学本质、性质及来源

维生素 B₂ 的发现与作用

　　1879 年大不列颠及北爱尔兰联合王国化学家布鲁斯首先从乳清中发现一种新物质，即维生素 B₂；1933 年美利坚合众国化学家哥尔倍格从牛奶中提取了维生素 B₂；1935 年德国化学家柯恩合成了它。维生素 B₂ 是橙黄色针状晶体，味微苦，水溶液有黄绿色荧光，在碱性或光照条件下极易分解。熬粥不放碱就是这个道理。人体缺少它易患口角炎、皮炎、微血管增生症等。成年人每天应摄入 2～4 mg，它大量存在于谷物、蔬菜、牛乳和鱼等食品中。

　　维生素 B₂ 是核糖醇与 6,7-二甲基异咯嗪的缩合物，因呈黄色而得名核黄素。在体内，维生素 B₂ 主要转变为黄素单核苷酸（FMN）、黄素腺嘌呤二核苷酸（FAD）两种，FMN 和 FAD 是核黄素在体内的活性形式（图 5-4）。

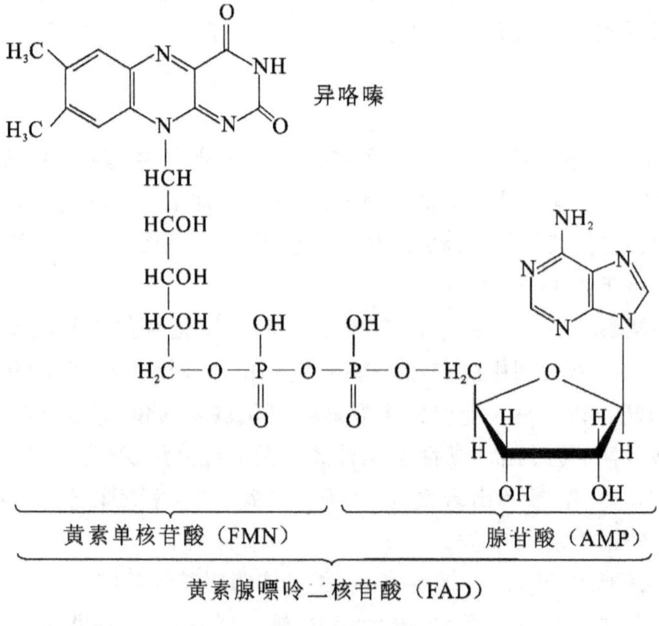

图 5-4　FMN 和 FAD 的结构

　　维生素 B_2 遇光易被破坏,酸性环境下耐热且较稳定,碱性条件下不稳定,故在烹调时不宜加碱。

　　维生素 B_2 广泛存在于动、植物中,小麦、蔬菜、黄豆及动物的肝、肾、心、蛋、乳等物质中的含量均较丰富。

(二)生化功用及缺乏症

　　FMN 和 FAD 分别是各种黄素酶的辅基。其分子中异咯嗪环上 N_1、N_5 能可逆地接受氢和脱去氢,因此在生物氧化中起递氢作用(图 5-5)。维生素 B_2 缺乏时,可引起黏膜上皮组织的病变,如口角炎、阴囊皮炎、眼睑炎、唇炎、舌炎、畏光等。

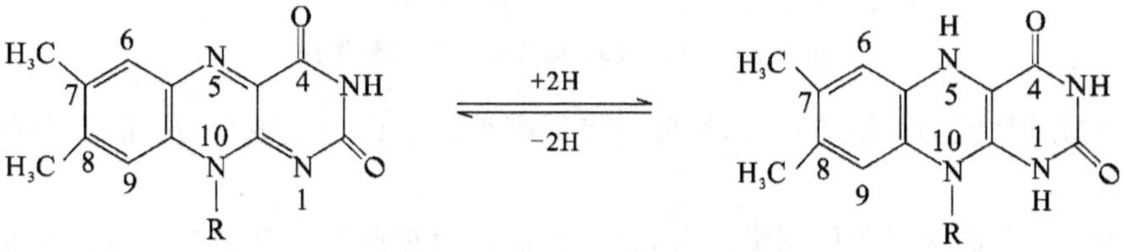

图 5-5　FMN(或 FAD)的递氢作用

注　R:FMN 或 FAD 的其他部分。

三、维生素 PP

(一)化学本质、性质及来源

　　维生素 PP 又称抗癞皮病维生素,是吡啶的衍生物,包括尼克酸(也称烟酸)和尼克酰胺(也称烟酰胺),两者能相互转化。在体内维生素 PP 可转变为尼克酰胺腺嘌呤二核苷酸(NAD^+,辅酶 I)和尼克酰胺腺嘌呤二核苷酸磷酸($NADP^+$,辅酶 II)而发挥作用(图 5-6)。

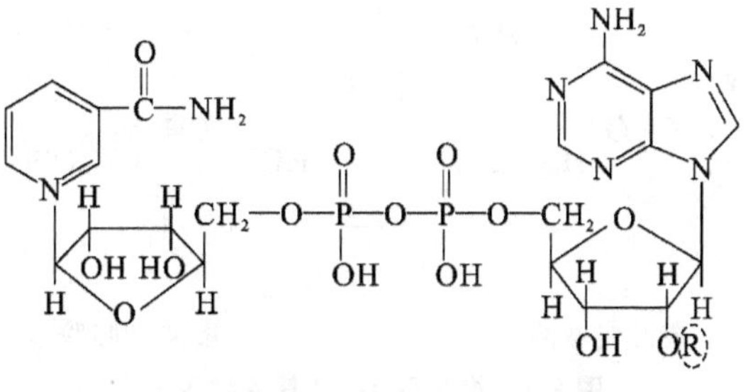

图 5-6　NAD^+ 与 $NADP^+$ 的结构

注　当 R—H 时,为 NAD^+;

　　当 R—PO_3H_2 (磷酸基团)时,为 $NADP^+$。

　　维生素 PP 化学性质稳定,不易被酸、碱和高温破坏。

　　维生素 PP 广泛存在于动、植物中,在酵母、肉类、鱼、谷类、豆类及花生中含量较丰富。肝能利用色氨酸合成少量维生素 PP,但转化率较低,不能满足人体需要。

（二）生化功用及缺乏症

NAD^+、$NADP^+$是多种不需氧脱氢酶的辅酶,其分子中的尼克酰胺部分,能可逆性加氢和脱氢,故在生物氧化中起递氢的作用(图5-7)。

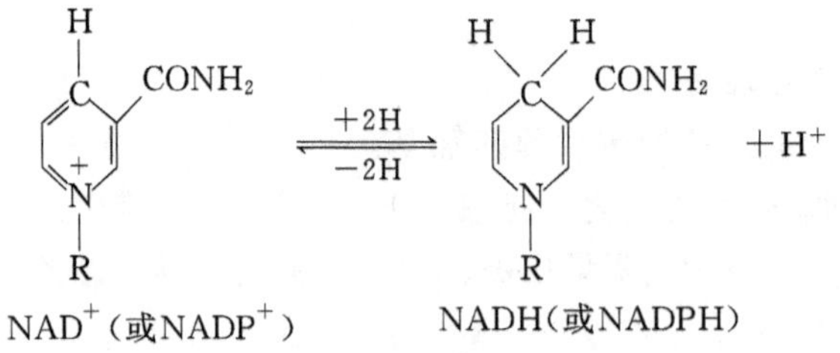

图5-7　NAD^+（或$NADP^+$）的递氢作用

维生素PP能抑制脂肪动员,使肝中极低密度脂蛋白合成减少,从而起到降低胆固醇的作用。

维生素PP缺乏时可引起癞皮病,其典型症状为皮肤暴露部位的对称性皮炎、腹泻和痴呆。然而服用过量维生素PP时可引起血管扩张、面颊潮红、痤疮及胃肠不适等症状,长期大量服用对肝有损害。

四、维生素 B_6

（一）化学本质、性质及来源

维生素 B_6 是吡啶的衍生物,包括吡哆醇、吡哆醛和吡哆胺,在体内均以磷酸酯形式存在(图5-8)。故磷酸吡哆醛与磷酸吡哆胺为维生素 B_6 的活性形式,可互相转变。

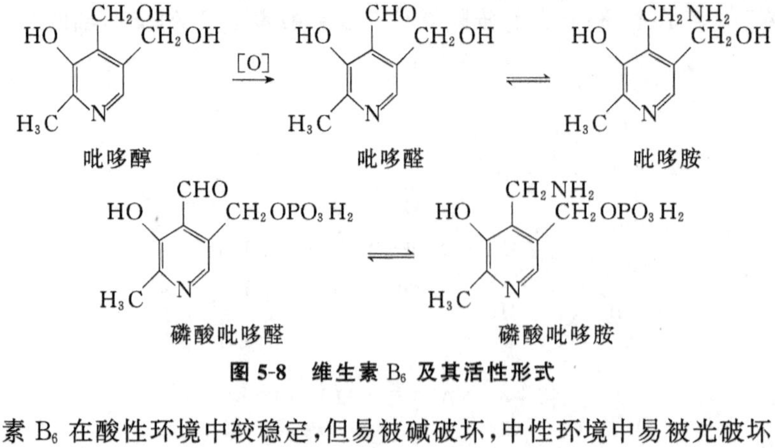

图5-8　维生素 B_6 及其活性形式

维生素 B_6 在酸性环境中较稳定,但易被碱破坏,中性环境中易被光破坏,在紫外线照射、高温下可迅速破坏。

维生素 B_6 在动、植物中分布很广,蛋黄、肉、鱼、肝、肾、乳、麦胚芽、米糠、大豆、酵母、绿叶蔬菜中含量丰富。

（二）生化功用及缺乏症

（1）磷酸吡哆醛与磷酸吡哆胺是氨基酸转氨酶的辅酶。在酶促反应中,两者通过相互转化,在氨基酸转氨基过程中发挥转氨基作用。

（2）磷酸吡哆醛也是氨基酸脱羧酸的辅酶,能促进谷氨酸脱羧生成 γ-氨基丁酸,后者是一种抑制性神经递质,因此临床上可用维生素 B_6 治疗小儿惊厥及妊娠呕吐。

（3）磷酸吡哆醛还是 δ-氨基-γ-酮戊酸(ALA)合酶的辅酶。ALA 合酶是血红素合成的关键酶,故维生素 B_6 缺乏有可能引起小红细胞低色素性贫血及血清铁含量增高。

人类尚未发现维生素 B_6 缺乏的典型病例。异烟肼能与磷酸吡哆醛结合,使其失去辅酶作用,故在服用异烟肼时,应注意补充维生素 B_6。

五、泛酸

（一）化学本质、性质及来源

泛酸又名遍多酸,是由 2,4-二羟基-3,3-二甲基丁酸借肽键与 β-丙氨酸缩合而成的有机酸。泛酸在中性环境中对热稳定,对氧化剂和还原剂也不易分解,易被酸、碱破坏。泛酸因其来源广泛而得名,可由肠道细菌在体内合成,故很少缺乏。

（二）生化功用及缺乏症

（1）泛酸是构成辅酶 A(CoA 或 HSCoA)及酰基载体蛋白(ACP)的成分,泛酸吸收后经磷酸化并获得巯基乙胺而成为 4-磷酸泛酰巯基乙胺,后者是 CoA(图 5-9)和 ACP 的组成成分。HSCoA 与 ACP 是构成酰基转移酶的辅酶,在代谢中起着酰基载体的作用。

（2）泛酸广泛参与体内糖、脂肪、蛋白质代谢及生物转化作用。CoA 携带酰基的部位在巯基(—SH)上,故常以 HSCoA 表示。巯基为 HSCoA 的活性基团。泛酸的缺乏症少见。

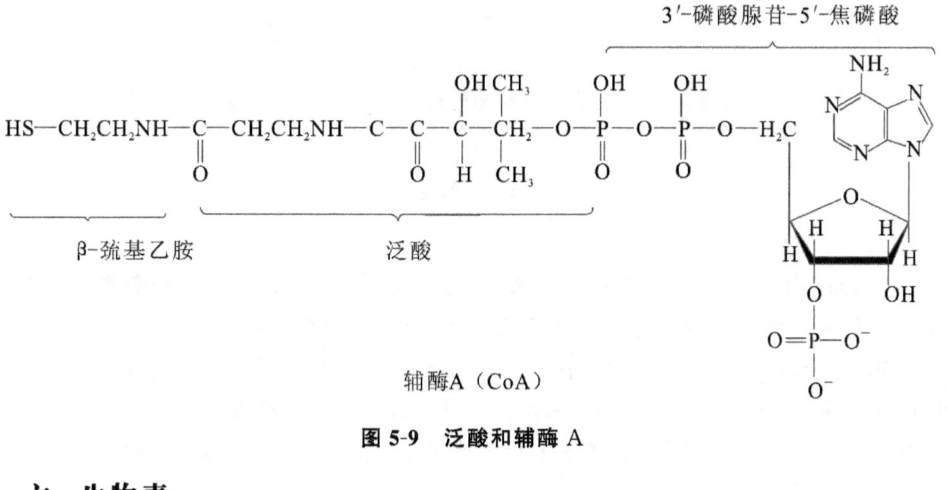

图 5-9　泛酸和辅酶 A

六、生物素

（一）化学本质、性质及来源

生物素是由噻吩环和尿素构成的骈环且有戊酸侧链的化合物(图 5-10)。生物素为无色针状结晶体,耐酸不耐碱,常温稳定,高温或氧化剂可使其失活。生物素在动、植物界分布广泛,动物内脏、牛奶、蛋黄、酵母、蔬菜、谷类中含量丰富。

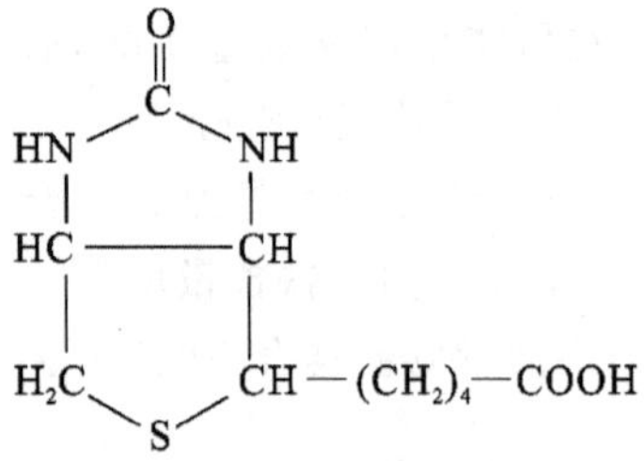

图 5-10　生物素的结构

（二）生化功用及缺乏症

（1）生物素是体内多种羧化酶的辅基。在羧化反应中，生物素与 CO_2 结合，起 CO_2 载体作用。生物素与糖、脂肪、蛋白质和核酸的代谢有密切关系。

（2）生物素来源广泛，可由肠道细菌在体内合成，很少缺乏。因新鲜鸡蛋清中有一种抗生物素蛋白，能与生物素结合使其失去活性并阻碍其吸收，故吃生鸡蛋会造成生物素的缺乏。若将鸡蛋煮熟后食用，鸡蛋清中的抗生物素蛋白即被破坏。

长期使用抗生素可抑制肠道细菌生长，可造成生物素的缺乏。

七、叶酸

（一）化学本质、性质及来源

叶酸（folic acid）又称蝶酰谷氨酸，是由蝶呤啶、对氨基苯甲酸、谷氨酸组成。在体内叶酸分子的 5、6、7、8 位可加氢还原生成四氢叶酸（FH_4）（图 5-11），故叶酸在体内的活性形式为四氢叶酸（FH_4）。叶酸因在绿叶中含量丰富而得名，在肝、肾、酵母、水果中含量也十分丰富。

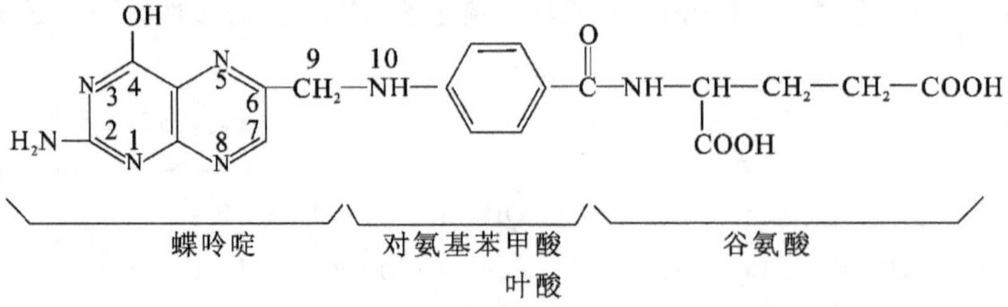

图 5-11　叶酸的结构

（二）生化功用及缺乏症

FH_4 是体内一碳单位转移酶的辅酶，其分子中的 N_5、N_{10} 是结合一碳单位的部位。一碳单位是生物体内合成嘌呤核苷酸和嘧啶核苷酸的原料之一，故叶酸在核酸的生物合成中起重要作用。叶酸缺乏时，骨髓幼红细胞 DNA 合成减少，细胞分裂速度减慢，细胞体积增大，细胞核内染色质疏松，产生所谓的幼红细胞，造成巨幼红细胞性贫血。

叶酸在食物中含量丰富，肠道细菌也能合成，一般不发生缺乏症。孕妇及哺乳期妇女因代谢较旺盛，应适量补充叶酸。

八、维生素 B_{12}

（一）化学结构、性质及来源

维生素 B_{12} 含金属元素钴，是唯一含有金属元素的维生素，又称钴胺素。维生素 B_{12} 的结构复杂，结合不同的基团（R）即形成多种形式的维生素 B_{12}，如氰钴胺素、羟钴胺素、甲基钴胺素和 5′-脱氧腺苷钴胺素等（图 5-12）。后两者是维生素 B_{12} 的活性形式，也是血液中存在的主要形式。

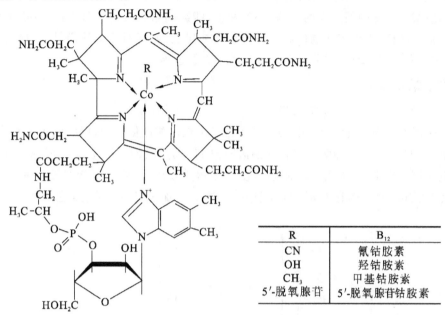

R	B$_{12}$
CN	氰钴胺素
OH	羟钴胺素
CH$_3$	甲基钴胺素
5′-脱氧腺苷	5′-脱氧腺苷钴胺素

图 5-12　维生素 B$_{12}$ 的结构

维生素 B$_{12}$ 主要来源于动物肝、肾、瘦肉、鱼和蛋类食物,可由肠道细菌在体内合成,一般不会缺乏。食物中的维生素 B$_{12}$ 需要与胃黏膜分泌的内因子结合,才能在回肠中吸收。若内因子合成减少,可使维生素 B$_{12}$ 吸收受阻。此外,长期素食可致维生素 B$_{12}$ 缺乏。

知识链接

维生素 B$_{12}$ 的发现及作用

1947 年,美利坚合众国女科学家肖波在牛肝浸液中发现维生素 B$_{12}$,后经化学家分析,它是一种含钴的有机化合物。它的化学性质稳定,是人体造血不可缺少的物质,缺少它会产生恶性贫血症。

（二）生化功用及缺乏症

甲基钴胺素（CH$_3$—B$_{12}$）是转甲基酶的辅酶,它协助酶将 N^5—CH$_3$—FH$_4$ 上的 —CH$_3$ 转移到同型半胱氨酸分子上,使之甲基化为蛋氨酸,同时也增加了 FH$_4$ 的再生和利用。因此,维生素 B$_{12}$ 缺乏时,通过影响四氢叶酸的再利用,导致核酸的合成与细胞的分裂障碍,最终将发生巨幼红细胞性贫血。

5′-脱氧腺苷钴胺素是 L-甲基丙二酰 CoA 变位酶的辅酶,此酶催化 L-甲基丙二酰

CoA 转变为琥珀酰 CoA。当维生素 B_{12} 缺乏时,L-甲基丙二酰 CoA 大量堆积,由于后者与脂肪酸合成的中间产物丙二酰 CoA 相似,能影响脂肪酸的正常合成,进而影响了神经髓鞘的转换,髓鞘变性退化而出现神经精神症状,如不同程度的痴呆、对周围反应差、表情呆滞、双目凝视、部分患者出现运动能力倒退等。

九、维生素 C

(一)化学本质、性质及来源

维生素 C 又称 L-抗坏血酸,是 6 碳不饱和多羟基酸性化合物,以内酯形式存在,其分子中 C_2、C_3 上的 2 个烯醇式羟基极易游离出 H^+ 而呈酸性。维生素 C 可脱去氢原子生成氧化型维生素 C(脱氢抗坏血酸),使许多物质被还原,故维生素 C 是一种强还原剂。此外,当有供氢体存在时,氧化型维生素 C 可加氢还原为还原型维生素 C(图 5-13)。

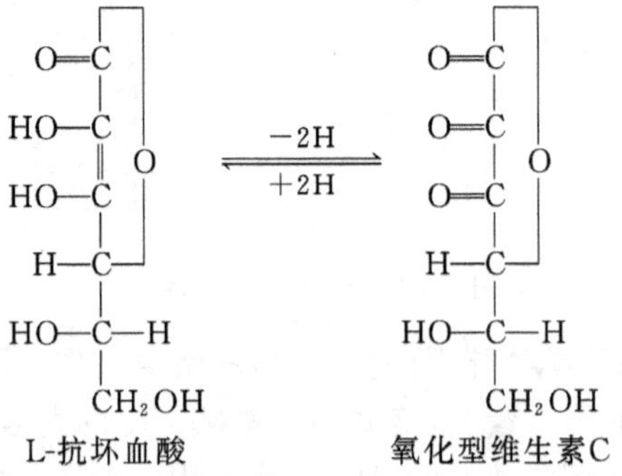

L-抗坏血酸　　　　　　　　氧化型维生素 C

图 5-13　维生素 C 的氧化与还原

维生素 C 为无色片状结晶,其水溶液极不稳定,尤其是在中性、碱性或金属离子存在时更易分解,加热及加氧化剂时易被破坏。

维生素 C 广泛存在于新鲜蔬菜和水果中,尤以番茄、柑橘类、山楂、酸枣、猕猴桃、沙棘等含量较多。植物中的抗坏血酸氧化酶能将维生素 C 氧化灭活为二酮古洛糖酸,使其失去活性。因此,储存过久的蔬菜、水果中维生素 C 含量大为减少。

(二)生化功用及缺乏症

1. 参与体内羟化反应

(1)促进胶原蛋白的合成。组成细胞间质的主要成分是胶原蛋白。蛋白质合成后经脯氨酸羟化酶和赖氨酸羟化酶的作用生成羟脯氨酸和羟赖氨酸,维生素 C 是羟化酶的辅酶参与羟化反应,促进胶原蛋白的合成。当维生素 C 缺乏时,胶原蛋白和细胞间质合成减少,会导致毛细血管脆性增加易破裂、黏膜出血、牙龈腐烂、牙齿松动、骨折,以及创伤不易愈合等症状。临床上称为坏血病。

(2)参与胆固醇转化为胆汁酸的过程。维生素 C 是胆固醇转化为胆汁酸的限速酶——7α 羟化酶的辅酶,促使体内胆固醇转变为胆汁酸而被排泄利用。故维生素 C 缺乏,会影响胆固醇的转化。

（3）参与芳香族氨基酸的代谢。苯丙氨酸羟化为酪氨酸、酪氨酸羟化为儿茶酚胺、色氨酸转变为5-羟色氨等均需维生素C的参与。

2. 参与体内氧化还原反应

（1）维生素C能使红细胞中高铁血红蛋白（MHb）还原为血红蛋白（Hb），恢复其运输氧的能力。维生素C还能将Fe^{3+}还原为容易被肠黏膜细胞吸收的Fe^{2+}，有利于食物中铁的吸收利用，促进造血。

（2）维生素C能使酶分子中的巯基维持在还原状态，以保持酶的活性。维生素C可使氧化型谷胱甘肽还原为还原型谷胱甘肽，后者可与铅、砷等重金属离子结合而排出体外，故维生素C有解毒作用。还原型谷胱甘肽还可使脂质过氧化物还原，从而对细胞膜起保护作用。

（3）维生素C可促进叶酸转变为有活性的四氢叶酸。

（4）维生素C能增加淋巴细胞的生成，提高机体的免疫能力，起到抗病毒作用。

维生素是维持人体正常生命活动所必需的一类营养素。维生素需要量少，功能重要，机体不能合成或合成量不足，必须靠食物供给。维生素摄入量不足或吸收受阻等会使机体的正常生理功能受到影响，从而产生维生素缺乏症。

维生素按其溶解性不同，可分为脂溶性维生素和水溶性维生素两大类。脂溶性维生素包括A、D、E、K四种；水溶性维生素包括B族维生素和维生素C两种。

维生素能参与体内多种物质代谢，维生素A与视蛋白结合成感光物质，并对维持上皮组织的健全至关重要。维生素D参与钙、磷代谢。维生素E有抗氧化作用。维生素K则与血液凝固有关。B族维生素多以辅助因子的形式参与酶促反应。维生素C则参与羟化反应和氧化还原反应。

能力检测

一、名词解释

1.维生素　2.维生素A原　3.维生素D_3原

二、填空题

1. 根据溶解性的不同，维生素可分为_____和_____。

2. 维生素D_3的活性形式为_____；维生素B_1的活性形式为_____；维生素B_2的活性形式为_____和_____；维生素B_6的活性形式为_____和_____；叶酸的活性形式为_____；维生素PP的活性形式为_____和_____。

3. 缺乏_____或_____，会引起巨幼红细胞性贫血。

三、单项选择题

1. 下列有关维生素 A 的叙述,错误的是(　　)。

A. 构成感光物质视紫红质

B. 维持上皮细胞的完整性

C. 影响细胞分化,促进生长发育

D. 维生素 A 缺乏时,可导致角膜软化症

E. 成人缺乏维生素 A 时,可导致骨软化症

2. 佝偻病的主要病因是(　　)。

A. 缺乏维生素 A　　　　　　　　B. 食物中钙、磷比例不当

C. 缺乏维生素 D　　　　　　　　D. 饮食中缺钙

E. 甲状旁腺素缺乏

3. 脚气病是由于缺乏哪种维生素所引起的?(　　)

A. 维生素 B_1　　B. 维生素 PP　　C. 维生素 B_2　　D. 维生素 E　　E. 叶酸

4. 下列哪种维生素是一种重要的天然抗氧化剂?(　　)

A. 硫胺素　　B. 核黄素　　C. 维生素 E　　D. 维生素 K　　E. 维生素 D

5. 水溶性维生素不包括下列哪一种?(　　)

A. 维生素 K　　B. 维生素 PP　　C. 维生素 B_1　　D. 维生素 C　　E. 维生素 B_6

6. 临床上常用的辅助治疗婴儿惊厥和呕吐的维生素是(　　)。

A. 维生素 B_1　　B. 维生素 B_2　　C. 维生素 B_6　　D. 维生素 D　　E. 维生素 K

7. 导致婴幼儿佝偻病最主要的原因是(　　)。

A. 饮食中缺乏矿物质　　　　　　B. 甲状旁腺功能不全

C. 接受日光照射不足　　　　　　D. 慢性肝、肾疾病

E. 慢性胃肠道疾病

8. 坏血病是由哪一种维生素缺乏引起的?(　　)

A. 核黄素　　B. 维生素 B_1　　C. 维生素 C　　D. 维生素 PP　　E. 维生素 K

9. 关于维生素 C 的生化功用的叙述,下列哪一项是错误的?(　　)

A. 既可作为供氢体,又可作为受氢体

B. 维持谷胱甘肽在氧化状态

C. 促进肠道对铁的吸收

D. 促进高铁血红蛋白还原为亚铁血红蛋白

E. 参与某些物质的羟化反应

10. 患者,男,5 岁,因缺钙而引起佝偻病,还有严重肝病,进行补钙和维生素 D 治疗后,效果不理想,其原因是(　　)。

A. 肝脏 1α-羟化酶合成不足　　　　B. 肝脏 25-羟化酶合成不足

C. 肾脏 25-羟化酶合成不足　　　　D. 肝脏钙结合蛋白合成不足

E. 肝脏钙调蛋白合成不足

四、简答题

1. 引起维生素缺乏症的原因有哪些？

2. 缺乏维生素 A 为什么会引起夜盲症？

3. 为什么缺乏维生素 B_1 会引发脚气病？

4. TPP、FMN、FAD、NAD^+、$NADP^+$、HSCoA 符号各代表什么物质？是何种酶的辅酶？

5. 简述维生素 C 的生化功用及缺乏症。

（陕西省咸阳市卫生学校　白冬琴）

第六章 生 物 氧 化

生物体体内的物质氧化,根据细胞定位与功能的不同可分为两种体系:①线粒体氧化体系,以提供能量为主要功能;②非线粒体氧化体系,参与体内活性物质的合成,以及某些药物、毒物的生物转化。体内氧化的方式主要有:加氧、脱氢、失电子。本章的生物氧化特指线粒体氧化体系所进行的氧化过程。

第一节 概 述

一、生物氧化的概念

糖、脂肪和蛋白质等营养物质在体内进行氧化分解,最终生成 CO_2 和 H_2O,并释放出能量的过程称为生物氧化。由于此过程消耗 O_2,排出 CO_2,且在活细胞内进行,故又称细胞呼吸。

二、生物氧化的特点

同一物质在体内、体外氧化的方式相同,所消耗的 O_2、生成的终产物(CO_2 和 H_2O)及释放的能量都相同,但两者进行的条件却大不一样。生物氧化有以下特点:①生物氧化是在细胞内进行,反应条件温和,有酶催化;② CO_2 的产生方式是有机酸脱羧,H_2O 的生成是代谢物脱下的氢经传递后与氧结合;③能量逐步释放,释放的能量一部分使 ADP 磷酸化生成 ATP,供生命活动之需,其余能量以热能形式用于维持体温;④生物氧化的速率受体内多种因素的调节。

三、二氧化碳的生成方式

体内产生的 CO_2 并不是代谢物的碳原子与氧直接化合的结果,而是来源于有机酸的脱羧。根据脱去的羧基在有机酸分子中的位置不同,分为 α-脱羧和 β-脱羧;根据脱羧同时是否伴有氧化(脱氢)反应,可分为单纯脱羧和氧化脱羧。

1. α-单纯脱羧

$$\underset{\alpha\text{-氨基酸}}{H_2N-\underset{\underset{\alpha}{|}}{CH}-\boxed{COO}H} \xrightarrow{\text{氨基酸脱羧酶}} \underset{\text{胺}}{\underset{\underset{|}{R}}{CH_2}-NH_2 + CO_2}$$

2. α-氧化脱羧

$$\underset{\text{丙酮酸}}{CH_3-\underset{\alpha}{CO}-\boxed{COO}H} + \underset{\text{辅酶A}}{HSCoA} \xrightarrow[NAD^+ \quad NADH+H^+]{\text{丙酮酸脱氢酶复合体}} CH_3COSCoA + CO_2$$
$$\underset{\text{乙酰CoA}}{}$$

3. β-单纯脱羧

$$\underset{\text{草酰乙酸}}{\underset{\alpha}{\underset{|}{CO}}-COOH \atop \overset{\beta}{CH_2}-\boxed{COO}H} \xrightleftharpoons[\text{草酰乙酸脱羧酶}]{\text{丙酮酸羧化酶}} CH_3COCOOH + CO_2$$
$$\underset{\text{丙酮酸}}{}$$

4. β-氧化脱羧

$$\underset{\text{异柠檬酸}}{\overset{\alpha}{CHOH}-COOH \atop \overset{\beta}{CH}-\boxed{COO}H \atop CH_2-COOH} \xrightarrow[NAD^+ \quad NADH+H^+]{\text{异柠檬酸脱氢酶}} \underset{\text{α-酮戊二酸}}{\overset{\alpha}{CO}-COOH \atop CH_2 \atop CH_2-COOH} + CO_2$$

第二节 线粒体氧化体系

一、呼吸链的组成

在线粒体的内膜上按一定顺序排列着一系列的酶和辅酶,代谢物脱下的 2H 通过这一系列的酶与辅酶传递,最终传给氧生成水,同时释放出能量。这个过程与细胞呼吸有关,所以将此传递链称为呼吸链。其中传递氢原子的酶和辅酶称为递氢体,传递电子的酶和辅酶称为递电子体,由于递氢体和递电子体都可以传递电子($2H \longrightarrow 2H^+ + 2e^-$),所以呼吸链又称电子传递链。

呼吸链的组成成分可以分成以下五大类。

(一)尼克酰胺腺嘌呤二核苷酸(NAD$^+$)

NAD$^+$是体内多种不需氧脱氢酶的辅酶,分子中含尼克酰胺(维生素 PP),主要功能是接受从代谢物上脱下的 2H($2H^+ + 2e^-$),然后传给另一传递体黄素蛋白。

$$NAD^+(\text{或 } NADP^+) + 2H \Longleftrightarrow NADH + H^+(\text{或 } NADPH + H^+)$$

(二)黄素蛋白

线粒体内黄素蛋白有两类:一类是以黄素单核苷酸(FMN)为辅基,另一类是以黄素腺嘌呤二核苷酸(FAD)为辅基,两者均含有核黄素(维生素 B$_2$),能可逆地加氢和脱氢

$$FAD(或 FMN)+2H \rightleftharpoons FADH_2(或 FMNH_2)$$

（三）铁硫蛋白

铁硫蛋白通常简写成 FeS 或 Fe-S，分子中含非血红素铁和对酸不稳定的硫，通过 Fe^{2+} 和 Fe^{3+} 的互变来传递电子，常与其他递氢体和递电子体构成复合物，又称铁硫中心。

$$Fe^{3+}+e^- \rightleftharpoons Fe^{2+}$$

（四）泛醌

泛醌又称辅酶 Q(CoQ)，是一类广泛存在于生物界的脂溶性醌类化合物，在线粒体内膜中游离存在，分子中的苯醌结构能进行可逆的加氢和脱氢反应，是一种递氢体。

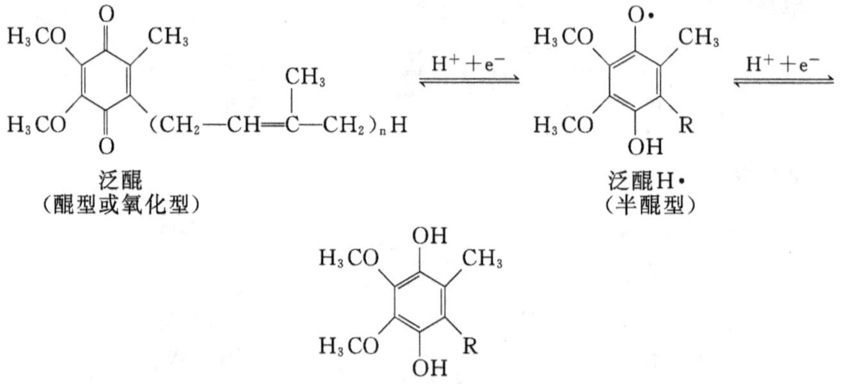

泛醌（醌型或氧化型）　泛醌H·（半醌型）

二氢泛醌（氢醌型或还原型）

总反应式为

$$CoQ+2H \rightleftharpoons CoQH_2$$

知识链接

泛醌(CoQ)

泛醌是一种小分子、脂溶性醌类化合物，有多个异戊二烯单位相互连接形成的侧链。人的 CoQ 侧链由 10 个异戊二烯单位组成，用 CoQ_{10}（Q_{10}）表示。CoQ_{10} 除了是呼吸链的组分外，还有缓解体力疲劳、抗氧化、辅助降血脂和增强免疫力的功能。

泛醌能抑制脂质过氧化反应，减少自由基的生成，抑制氧化应激反应诱导的细胞凋亡，有抗氧化、延缓皮肤衰老的作用，被广泛运用于保健品和护肤品。CoQ_{10} 的每日推荐食用量不得超过 50 mg，少年儿童、孕妇乳母、过敏体质人群不适宜服用。

（五）细胞色素

细胞色素(Cyt)是一类以铁卟啉为辅基的催化电子传递的酶类体系。参与线粒体氧化体系的有 Cyt a、a_3、b、c 和 c_1，它们通过铁卟啉中铁原子化合价的改变来传递电子。

$$Cyt\ Fe^{3+} + e^- \rightleftharpoons Cyt\ Fe^{2+}$$

细胞色素 a 和 a_3 结合紧密，两者统称为细胞色素氧化酶（Cyt aa_3），它们靠分子中所含铜离子化合价的变化来传递电子。细胞色素 c 是呼吸链中唯一的水溶性组分，和线粒体内膜结合疏松，极易分离。

二、呼吸链的类型

呼吸链按其组成成分、排列顺序和功能上的差异分为两种类型。

（一）NADH 氧化呼吸链

体内大多数的脱氢酶都是以 NAD^+ 作为辅酶，在脱氢酶的催化下底物（SH_2）将脱下的氢交给 NAD^+ 生成 $NADH + H^+$，然后通过 NADH 氧化呼吸链将其携带的 2 个电子逐步传递给氧。氢和电子的传递模式如下。

$$NADH \longrightarrow \underset{(FeS)}{FMN} \longrightarrow CoQ \longrightarrow Cyt\ b \longrightarrow Cyt\ c_1 \longrightarrow Cyt\ c \longrightarrow Cyt\ aa_3 \longrightarrow O_2$$

（二）琥珀酸氧化呼吸链（$FADH_2$ 氧化呼吸链）

体内有少数代谢物如琥珀酸、α-磷酸甘油、脂酰 CoA 等，脱下的氢是以 FAD 为受氢体，生成 $FADH_2$ 后通过琥珀酸氧化呼吸链将其携带的 2 个电子传递给氧。氢和电子的传递模式如下。

$$琥珀酸 \longrightarrow \underset{(FeS)}{FAD} \longrightarrow CoQ \longrightarrow Cyt\ b \longrightarrow Cyt\ c_1 \longrightarrow Cyt\ c \longrightarrow Cyt\ aa_3 \longrightarrow O_2$$

两种呼吸链起始成分不同，但 CoQ 以后成分均相同（见图 6-1）。

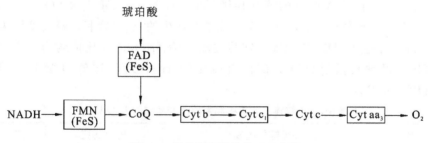

图 6-1 两条呼吸链的关系示意图

第三节 ATP 的生成和能量的储存及利用

一、高能化合物

生物氧化过程中释放的能量，大约有 40% 以化学能的形式储存于高能化合物中，形成高能磷酸键或高能硫酯键。水解时释放的能量大于 21 kJ/mol 的化学键称为高能键，常用"～"符号表示。含高能键的化合物称为高能化合物。

二、ATP 的生成方式

在机体生命活动中,能量的释放、储存和利用都是以 ATP 为中心,ATP 几乎是细胞能够直接利用的唯一能源。体内 ATP 的生成方式主要有两种。

(一)底物水平磷酸化

代谢物由于脱氢或脱水引起分子内能量重新分布,直接将高能键转移给 ADP(或 GDP)生成 ATP(或 GTP)的过程称为底物水平磷酸化。例如,糖代谢的三个反应过程:

$$1,3\text{-二磷酸甘油酸} + ADP \xrightarrow{\text{磷酸甘油酸激酶}} 3\text{-磷酸甘油酸} + ATP$$

$$\text{磷酸烯醇式丙酮酸} + ADP \xrightarrow{\text{丙酮酸激酶}} \text{丙酮酸} + ATP$$

$$\text{琥珀酰 CoA} + Pi + GDP \xrightarrow{\text{琥珀酰 CoA 合成酶}} \text{琥珀酸} + HSCoA + GTP$$

(二)氧化磷酸化

1. 概念

代谢物脱下的氢经呼吸链传递给氧生成水,并释放能量的同时使 ADP 磷酸化生成 ATP 的过程称为氧化磷酸化。氧化磷酸化包括氧化过程(氢经呼吸链传递给氧生成水并释放能量)和磷酸化过程(ADP 磷酸化生成 ATP),这两个过程之间存在能量偶联关系,即磷酸化过程所需能量来自氧化过程。氧化磷酸化是体内 ATP 合成的主要方式。

2. P/O 比值

所谓的 P/O 比值是指在氧化磷酸化过程中,消耗的氧原子和消耗的无机磷原子的物质的量之比。由于无机磷的消耗伴随 ATP 的生成($ADP + H_3PO_4 \longrightarrow ATP + H_2O$),因此 P/O 比值可表示消耗 1 个氧原子所产生的 ATP 数目。经实验证实,一对氢原子(2H)若经 NADH 氧化呼吸链传递氧化为 H_2O,P/O 比值约为 2.5,即生成 2.5 ATP;若经琥珀酸氧化呼吸链传递氧化为 H_2O,P/O 比值约为 1.5,即生成 1.5 ATP(表 6-1)。

表 6-1 线粒体离体实验测得的一些底物的 P/O 比值

底 物	呼吸链的组成	P/O 比值	生成 ATP 数
β-羟丁酸	$NAD^+ \rightarrow FMN \rightarrow CoQ \rightarrow Cyt \rightarrow O_2$	2.4~2.8	2.5
琥珀酸	$FAD \rightarrow CoQ \rightarrow Cyt \rightarrow O_2$	1.7	1.5
维生素 C	$Cyt\ c \rightarrow Cyt\ aa_3 \rightarrow O_2$	0.88	1

知识链接

P/O 比值的修正

过去一直认为,一对氢原子(2H)经 NADH 氧化呼吸链传递,氧化为 H_2O,P/O 比值为 3,即生成 3ATP;经琥珀酸氧化呼吸链传递,氧化为 H_2O,

P/O比值为 2,即生成 2 ATP。近年来的研究表明,一对氢原子(2H)经 NADH 氧化呼吸链氧化,P/O 比值约为 2.5,即生成 2.5 ATP;经琥珀酸氧化呼吸链氧化,P/O 比值约为 1.5,即生成 1.5 ATP。过去一直认为 1 分子葡萄糖经有氧氧化彻底分解为 CO_2 和 H_2O,净产生 36 或 38 ATP;1 分子软脂酸彻底氧化为 CO_2 和 H_2O,净产生 129 ATP。由于 P/O 比值的修改,1 分子葡萄糖彻底氧化的产能已经修正为 30 或 32 分子 ATP;1 分子软脂酸彻底氧化的产能已经修正为 106 ATP。

三、影响氧化磷酸化的因素

(一)ADP/ATP 比值

当机体消耗能量多时,ATP 分解生成 ADP,线粒体内 ADP/ATP 比值升高,氧化磷酸化速度加快,使 ADP 磷酸化生成 ATP。反之,ADP/ATP 比值下降,线粒体内 ADP 浓度降低,会使氧化磷酸化速度减慢。通过这种调节可以使 ATP 的生成速度适应人体的生理需求。

(二)甲状腺素

甲状腺素能诱导细胞膜上 Na^+/K^+-ATP 酶的生成,从而促进 ATP 的分解。分解的 ATP 增多,其生成的 ADP 又可促进氧化磷酸化。由于 ATP 的分解和合成都增加,使机体耗氧量和代谢速率均增加,所以甲亢患者表现为易激多食、怕热多汗,基础代谢率增高。

(三)抑制剂

1. 呼吸链抑制剂

此类抑制剂因能在特定部位阻断呼吸链的电子传递,故也称电子传递抑制剂。由于电子传递被阻断,使物质氧化过程中断,从而抑制氧化磷酸化。这类抑制剂可使细胞内呼吸停止,相关的细胞生命活动停止,从而引起机体迅速死亡。

目前已知的呼吸链抑制剂有以下几种:①鱼藤酮、阿米妥等抑制 NADH→CoQ 之间的电子传递;②抗霉素 A 抑制 CoQ→Cyt c 之间的电子传递;③CO、氰化物和硫化氢等抑制 Cyt aa_3→O_2 之间的电子传递(图 6-2)。

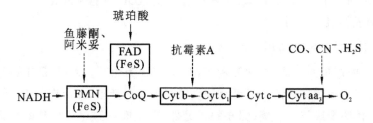

图 6-2 呼吸链抑制剂的作用部位

知识链接

城市火灾与中毒

目前发生的城市火灾事故中,导致死亡的最主要原因是窒息和中毒,除燃烧不完全造成 CO 中毒外,装饰材料中的 N 和 C 经高温形成的 HCN、人造纤维燃烧生成的 H_2S,都可以使细胞色素氧化酶(Cyt aa_3)失去活性,从而导致细胞呼吸停止,引起机体迅速死亡。

2. 解偶联剂

解偶联剂的作用是使氧化和磷酸化分开,氧化可以进行,但氧化过程释放的能量只能以热能的形式散失,不能用于 ATP 的合成。常用的解偶联剂有二硝基苯酚等。

由于线粒体内的 ADP 不能生成 ATP,ADP 的堆积刺激细胞呼吸,使氧化过程加快,细胞的耗氧量增加,但机体无法获得可利用的能量。

知识链接

解偶联蛋白

冬眠动物、耐寒的哺乳类动物和新出生的哺乳类动物需要通过解偶联作用来维持体温。哺乳类动物棕色脂肪组织的线粒体中含有丰富的解偶联蛋白(UCP),其可以使氧化磷酸化解偶联,氧化产生的能量全部以热能的形式散失,这对于维持动物的体温十分重要。新生儿硬肿症就是因为缺乏棕色脂肪组织,不能维持正常体温而使皮下脂肪凝固所致。

3. ATP 合酶抑制剂

这类抑制剂作用于 ATP 合酶(如寡霉素),使 ADP 不能磷酸化生成 ATP,又抑制由 ADP 所刺激的氧的利用。

四、能量的储存和利用

生物体体内能量的生成、储存和利用都以 ATP 为中心。ATP 是生命活动中直接供能的物质,其水解时释放的能量可直接供给各种生命活动,如肌肉收缩、腺体分泌、神经传导、合成代谢及维持体温等(图 6-3)。另外,在肌肉和脑组织中磷酸肌酸可作为能量的主要储存形式。

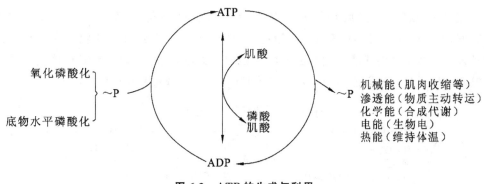

图 6-3 ATP 的生成与利用

第四节 线粒体外 NADH 的氧化

线粒体内代谢物脱下的氢可直接通过呼吸链进行氧化磷酸化,但在胞质中进行的脱氢反应,需要将生成的 NADH 转至线粒体内进行生物氧化,转运方式主要有两种。

一、α-磷酸甘油穿梭

α-磷酸甘油穿梭主要存在于脑及骨骼肌中。胞质中的 NADH 在 α-磷酸甘油脱氢酶(辅酶为 NAD^+)的催化下,使磷酸二羟丙酮还原成 α-磷酸甘油,后者通过线粒体外膜,再经位于线粒体内膜近胞质侧的磷酸甘油脱氢酶(辅基为 FAD)催化生成磷酸二羟丙酮和 $FADH_2$,磷酸二羟丙酮可再返回线粒体外继续下一轮穿梭,而 $FADH_2$ 则进入琥珀酸氧化呼吸链,可产生 1.5 分子 ATP(图 6-4)。

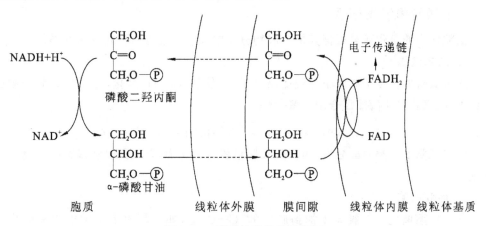

图 6-4 α-磷酸甘油穿梭示意图

二、苹果酸-天冬氨酸穿梭

苹果酸-天冬氨酸穿梭主要存在于肝、肾和心肌中。胞质中的 NADH 在苹果酸脱氢酶的催化下,使草酰乙酸还原成苹果酸,苹果酸通过线粒体内膜上的 α-酮戊二酸转运蛋白进入线粒体内，然后经线粒体的苹果酸脱氢酶催化又氧化生成草酰乙酸和NADH，NADH进入NADH氧化呼吸链，可产生 2.5 分子 ATP。线粒体内的草酰乙酸经天冬氨酸氨基转移酶催化生成 α-酮戊二酸和天冬氨酸，后者借助线粒体膜上的酸性氨基酸转运蛋白转运出线粒体再转变为草酰乙酸，继续重复穿梭(图 6-5)。

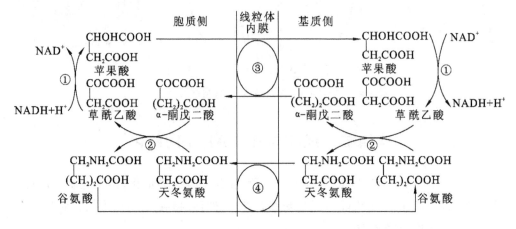

图 6-5　苹果酸-天冬氨酸穿梭示意图

注　①苹果酸脱氢酶；②谷草转氨酶；③α-酮戊二酸载体；④酸性氨基酸载体。

第五节　非线粒体氧化体系

一、微粒体氧化体系

微粒体中的氧化酶类根据其加入底物分子中氧原子数目的不同分为两类。

1. 加单氧酶

加单氧酶催化 1 个氧原子加到底物分子上，使底物(RH)羟化，另 1 个氧原子则还原成水，故又称羟化酶或混合功能氧化酶。

$$RH+NADPH+H^++O_2 \xrightarrow{\text{加单氧酶}} ROH+NADP^++H_2O$$

加单氧酶参与类固醇激素、胆汁酸及胆色素等的合成，以及药物和毒物的生物转化过程。

2. 加双氧酶

加双氧酶催化 2 个氧原子加到底物的 C═C 上，如 β-胡萝卜素在加双氧酶作用下，其双键断裂形成 2 分子视黄醛。其催化的反应通式为：

$$R+O_2 \xrightarrow{\text{加双氧酶}} RO_2 \quad \text{或} \quad R_1═R_2 \xrightarrow{\text{加双氧酶}} R_1═O+R_2═O$$

二、过氧化物酶体的氧化体系

1. 过氧化氢酶

过氧化氢酶又称触酶,能催化2分子过氧化氢反应生成水,并放出氧气。

$$2H_2O_2 \xrightarrow{\text{过氧化氢酶}} 2H_2O + O_2$$

在中性粒细胞和吞噬细胞中,H_2O_2 可氧化杀死入侵的细菌;甲状腺细胞中的 H_2O_2 可使 $2I^-$ 氧化成 I_2,进而使酪氨酸碘化生成甲状腺素。

2. 过氧化物酶

此酶利用 H_2O_2 直接氧化酚类或胺类化合物,反应如下。

$$H_2O_2 + R \xrightarrow{\text{过氧化物酶}} H_2O + RO \quad \text{或} \quad H_2O_2 + RH_2 \xrightarrow{\text{过氧化物酶}} 2H_2O + R$$

白细胞中含有大量的过氧化物酶,能将联苯胺氧化成蓝色的化合物。临床上利用这一性质来判断粪便中是否有隐血。

小 结

生物氧化是营养物质在细胞中彻底氧化分解成 CO_2 和 H_2O,并逐步释放出能量的过程。CO_2 的生成方式为有机酸脱羧,根据脱羧的位置和是否伴随氧化反应,分为 α-单纯脱羧、α-氧化脱羧、β-单纯脱羧和 β-氧化脱羧。

生物氧化过程中的水是代谢物脱下的氢,经过呼吸链传递给氧形成的。所谓呼吸链是指线粒体内膜上一系列能够传递氢和电子的酶与辅酶,其主要组成成分有:NAD^+、黄素蛋白、铁硫蛋白、泛醌和细胞色素。线粒体有两条呼吸链,即 NADH 氧化呼吸链及琥珀酸氧化呼吸链。

体内 ATP 的生成方式为底物水平磷酸化和氧化磷酸化,以氧化磷酸化为主。代谢物脱下的 2H 经 NADH 氧化呼吸链传递能生成 2.5 分子 ATP,经琥珀酸氧化呼吸链传递能生成 1.5 分子 ATP。影响氧化磷酸化的因素有:ADP/ATP 比值、甲状腺素、抑制剂。

胞质中的 NADH 必须经过 α-磷酸甘油穿梭和苹果酸-天冬氨酸穿梭进入线粒体后才能进行氧化。细胞内非线粒体的其他氧化体系包括:微粒体中的加单氧酶和加双氧酶;过氧化物酶体中的过氧化氢酶和过氧化物酶。

 能力检测

一、名词解释

1.生物氧化　2.呼吸链　3.底物水平磷酸化　4.氧化磷酸化　5.P/O 比值

二、填空题

1. 生物氧化的主要方式有_____、_____和_____。

2. 底物脱下的氢经 NADH 氧化呼吸链传递,P/O 比值约为_____;经琥珀酸氧化呼吸链传递,P/O 比值约为_____。

3. 胞质中 NADH 进入线粒体内膜,必须借助_____和_____两种穿梭机制才能被转入线粒体。

4. 体内 ATP 的产生有两种方式,一种是_____,另一种是_____。

三、单项选择题

1. 生物氧化的特点不包括(   )。

A. 能量逐步释放　　　　　　　　B. 有酶催化

C. 在常温常压下进行　　　　　　D. 能量全部以热能形式释放

E. 可产生 ATP

2. 不参与呼吸链组成的是(   )。

A. CoQ　　　　B. FAD　　　　C. Cyt b　　　　D. 肉碱　　　　E. 铁硫蛋白

3. 下列代谢物脱下的 2H,不能经过 NADH 呼吸链氧化的是(   )。

A. 苹果酸　　　B. 异柠檬酸　　　C. 琥珀酸　　　D. 丙酮酸　　　E. α-酮戊二酸

4. 各种细胞色素在呼吸链中传递电子的顺序是(   )。

A. $a \rightarrow a_3 \rightarrow b \rightarrow c_1 \rightarrow 1/2O_2$　　　　　　B. $b \rightarrow c_1 \rightarrow c \rightarrow a \rightarrow a_3 \rightarrow 1/2O_2$

C. $c_1 \rightarrow b \rightarrow c \rightarrow a \rightarrow a_3 \rightarrow 1/2O_2$　　　　　　D. $a \rightarrow a_3 \rightarrow b \rightarrow c_1 \rightarrow c \rightarrow 1/2O_2$

E. $c \rightarrow c_1 \rightarrow b \rightarrow aa_3 \rightarrow 1/2O_2$

5. 细胞色素中含有(   )。

A. 胆红素　　　B. 铁卟啉　　　C. Cu^{2+}　　　D. FAD　　　E. NAD^+

6. 氰化物是剧毒物,使人中毒致死的原因是(   )。

A. 与肌红蛋白中 Fe^{3+} 结合使之不能储存 O_2

B. 与 Cyt b 中 Fe^{3+} 结合使之不能传递电子

C. 与 Cyt c 中 Fe^{3+} 结合使之不能传递电子

D. 与 Cyt aa₃ 中 Fe^{3+} 结合使之不能激活 $1/2O_2$

E. 与血红蛋白中的 Fe^{3+} 结合使之不能运输 O_2

7. 调节氧化磷酸化最重要的激素是(   )。

A. 肾上腺素　　　B. 甲状腺素　　　C. 肾上腺皮质激素　　　D. 胰岛素　　　E. 生长素

8. 苹果酸-天冬氨酸穿梭的意义是(   )。

A. 将草酰乙酸带入线粒体内彻底氧化　　　B. 维持线粒体内、外有机酸的平衡

C. 为三羧酸循环提供足够的草酰乙酸　　　D. 将胞质中的 $NADH+H^+$ 带入线粒体

E. 将乙酰 CoA 转移出线粒体

9. 肌肉和脑能量的主要储存形式是(   )。

A. 磷酸烯醇式丙酮酸　　　　　　B. 磷脂酰肌醇

C. 肌酸　　　　　　　　　　　　D. 磷酸肌酸

E. 以上均不是

10. 人体活动主要的直接供能物质是(　　)。

A. 葡萄糖　　　B. 脂肪酸　　　C. 磷酸肌酸　　　D. GTP　　　E. ATP

11. 线粒体内代谢物脱下的 2H 氧化时 P/O 比值约为 3,应从何处进入呼吸链?(　　)

A. FAD　　　B. NAD^+　　　C. CoQ　　　D. Cyt b　　　E. Cyt aa_3

12. 线粒体氧化磷酸化解偶联是指(　　)。

A. 线粒体氧化作用停止　　　　　B. 线粒体膜变性

C. 线粒体三羧酸循环停止　　　　　D. 线粒体能利用氧,但不能生成 ATP

E. 以上均不是

13. 阻断 Cyt $aa_3 \rightarrow O_2$ 的电子传递的物质不包括(　　)。

A. CN^-　　　B. H_2S　　　C. CO　　　D. 阿米妥　　　E. 以上都不是

四、简答题

影响氧化磷酸化的因素有哪些?

（安庆医药高等专科学校　章敬旗）

第七章 糖 代 谢

掌握 糖酵解、有氧氧化和糖异生的概念,血糖的来源和去路。

熟悉 糖分解代谢三条途径的特点和生理意义,糖原的合成和分解过程及限速酶,糖异生的限速酶和生理意义,激素对血糖浓度的调节。

了解 糖代谢障碍。

第一节 概 述

一、糖的化学特点和生理功能

糖又称碳水化合物,是自然界分布最广的一类有机化合物。从结构上看,糖是多羟基醛或多羟基酮及其脱水缩合的产物。单糖是多羟基醛或多羟基酮,常见的单糖有葡萄糖、果糖、半乳糖、核糖等。双糖是 2 分子单糖脱水缩合的产物。食物中重要的双糖有蔗糖、麦芽糖、乳糖等。多糖是由几百万至数千个单糖脱水缩合而成的大分子化合物,相对分子质量一般在几万以上,重要的多糖有植物中的淀粉、纤维素和动物组织中的糖原。

知识链接

淀粉与纤维素

淀粉与纤维素都是植物中的多糖,它们都是由葡萄糖组成的,但两者连接葡萄糖单位的糖苷键位置不同,淀粉为 α 型糖苷键,纤维素为 β 型糖苷键。人体肠道中有水解淀粉的酶,但没有水解纤维素的酶,故人可以消化利用淀粉,但不能消化利用纤维素。食物中的纤维素可促进胃肠蠕动,协助肠道代谢废物的排出,对维持机体健康有重要意义。

糖的最主要的生理功能是氧化供能,机体每日需要的总能量的 50%~70% 由糖提供。另外,糖还是组织细胞的结构成分,如糖蛋白、糖脂是构成生物膜的成分,糖蛋白和蛋白聚糖是结缔组织、骨基质和软骨的主要成分。

二、糖代谢概况

食物中的糖以淀粉为主,如主食大米、馒头中的糖主要是淀粉,另外还能从食物中摄取葡萄糖、果糖、蔗糖、乳糖等。糖在小肠消化的主要产物是葡萄糖,通过肠黏膜细胞吸收进入血液。血液中的葡萄糖进入组织细胞,通过糖酵解、有氧氧化和磷酸戊糖途径氧化分解;部分葡萄糖在肝、肌肉等组织合成糖原储存,当血糖浓度下降时,肝糖原分解为葡萄糖进入血液以维持血糖浓度的相对恒定。肝、肾可以把非糖物质(如氨基酸、甘油、乳酸等)转化为葡萄糖的过程称为糖异生,长期饥饿时机体主要依靠糖异生维持血糖浓度相对恒定。

第二节　糖的分解代谢

糖分解代谢有三种方式:①在无氧或缺氧条件下,进行糖酵解;②在有氧条件下,进行糖的有氧氧化;③无论有氧无氧,均可进行糖的磷酸戊糖途径。前两种氧化方式释放能量,生成 ATP,是供能方式;磷酸戊糖途径的意义不在于供能,而在于生成某些重要物质。

一、糖酵解

(一)糖酵解的概念

在缺氧条件下,葡萄糖或糖原分解为乳酸的过程,称为无氧分解。该过程与酵母中糖的发酵过程基本相似,因此又称糖酵解。

(二)糖酵解过程

糖酵解是个连续的过程,全部反应在胞质中完成。为了便于理解,可以分为以下两个阶段。

1. 活化裂解阶段

从葡萄糖或糖原开始到磷酸丙糖的生成。葡萄糖或糖原经过一系列酶的催化,分解为磷酸二羟丙酮和3-磷酸甘油醛。1 分子葡萄糖由 6 碳糖分解为 2 分子 3 碳糖,消耗 2 分子 ATP。

(1)葡萄糖的活化:葡萄糖在体内是化学性质稳定的物质,在氧化分解前需形成"活泼"形式。葡萄糖在己糖激酶催化下,由 ATP 提供能量和磷酸基团,生成 6-磷酸葡萄糖(在肝内,该反应由己糖激酶的同工酶——葡萄糖激酶催化)。6-磷酸葡萄糖通过异构转变为 6-磷酸果糖,6-磷酸果糖在磷酸果糖激酶催化下,也由 ATP 提供能量和磷酸基团,生成 1,6-二磷酸果糖。1,6-二磷酸果糖是葡萄糖转变来的活化形式,1 分子葡萄糖形成 1,6-二磷酸果糖的过程中需要消耗 2 分子 ATP。

若从糖原开始,在磷酸化酶催化下每个葡萄糖单位生成 1-磷酸葡萄糖,再异构为 6-磷酸葡萄糖,然后经同样的反应生成 1,6-二磷酸果糖。所以从糖原开始,在每个葡萄糖单位生成 1,6-二磷酸果糖的过程中只消耗 1 分子 ATP。

(2)1,6-二磷酸果糖的裂解:活泼的 1,6-二磷酸果糖在醛缩酶催化下裂解为 3-磷酸甘油醛和磷酸二羟丙酮。3-磷酸甘油醛和磷酸二羟丙酮是异构体,在磷酸丙糖异构酶催化下,可以相互转变。3-磷酸甘油醛可直接进入下一阶段,磷酸二羟丙酮需先异构为 3-磷酸甘油醛,再进入下一阶段(图 7-1)。

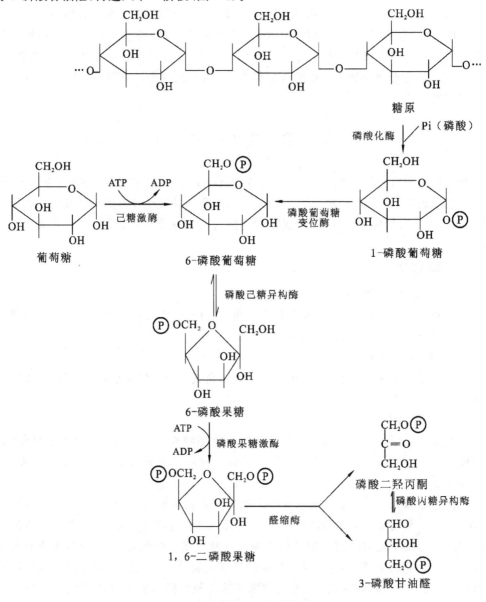

图 7-1 葡萄糖的活化裂解过程

2. 氧化产能阶段

3-磷酸甘油醛在 3-磷酸甘油醛脱氢酶催化下,脱氢氧化生成 1,3-二磷酸甘油酸,脱下的氢由辅酶 NAD^+ 接受。这是糖酵解过程中唯一的脱氢氧化反应。1,3-二磷酸甘油酸具有高能磷酸键,经磷酸甘油酸激酶催化,将高能磷酸键转移给 ADP 生成 ATP,这种生成 ATP 的方式是典型的底物水平磷酸化。

3-磷酸甘油酸在变位酶催化下生成 2-磷酸甘油酸,后者脱水生成磷酸烯醇式丙酮酸。磷酸烯醇式丙酮酸是高能磷酸化合物,在丙酮酸激酶催化下将高能磷酸键转移给 ADP 生成 ATP,这样通过底物水平磷酸化又生成 1 分子 ATP,而磷酸烯醇式丙酮酸转变为烯醇式丙酮酸。烯醇式丙酮酸可自动转变为丙酮酸,此为非酶促反应。最后,丙酮酸经乳酸脱氢酶催化生成乳酸(图 7-2)。

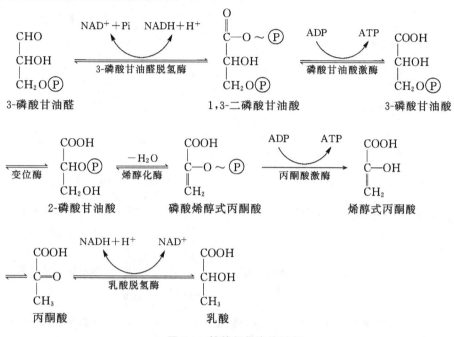

图 7-2 糖的氧化产能过程

(三)糖酵解的特点

(1)糖酵解的产能情况:葡萄糖活化阶段需要消耗能量,1 分子葡萄糖经两次磷酸化形成 1,6-二磷酸果糖,消耗 2 分子 ATP。1,6-二磷酸果糖裂解为 2 分子磷酸丙糖。1 分子磷酸丙糖生成乳酸过程中有两次底物水平磷酸化,生成 2 分子 ATP。2 分子磷酸丙糖总共生成 $2 \times 2 = 4$ 分子 ATP。1 分子葡萄糖通过糖酵解生成 2 分子乳酸,净产生 2 分子 ATP,如图 7-3 所示。从糖原开始,1 个葡萄糖单位在活化裂解阶段只消耗 1 分子 ATP,故净产能为 3 分子 ATP。

(2)氧化反应与还原反应:糖酵解中的氧化反应是无氧氧化,即 3-磷酸甘油醛脱氢生成 1,3-二磷酸甘油酸,脱下的氢由 NAD^+ 接受还原为 $NADH + H^+$。$NADH + H^+$ 的堆积会使 NAD^+ 减少,抑制糖酵解。机体通过一个还原反应,即丙酮酸还原为乳酸,消耗 $NADH + H^+$ 的氢,使 $NADH + H^+$ 氧化为 NAD^+,维持糖酵解的持续进行。

(3)糖酵解过程中的关键酶(限速酶):关键酶是代谢途径中决定反应速度和方向的酶。因它催化的反应速度最慢,其活性决定代谢的总速度,所以又称限速酶。关键酶通常催化单向反应,其活性决定代谢的方向。关键酶常常受到多种效应剂的调节。

糖酵解过程中有三个关键酶(限速酶):己糖激酶、磷酸果糖激酶和丙酮酸激酶。机体通过调节三者的活性,特别是磷酸果糖激酶的活性,来调节糖酵解过程。

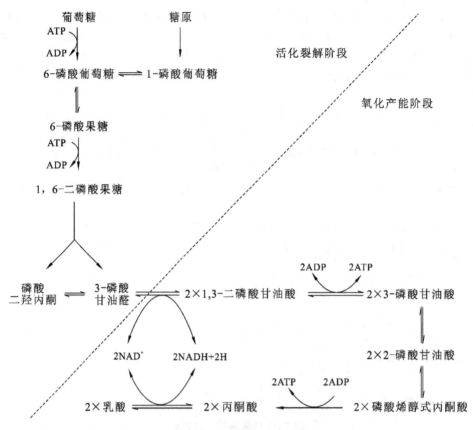

图 7-3　糖酵解反应过程

（4）糖酵解的生理意义：糖酵解是机体在缺氧条件下迅速获得能量，以供急需的有效方式。正常生理条件下，机体主要靠有氧氧化提供能量；在氧供应不足的条件下，需要靠糖酵解提供一部分急需的能量，如剧烈运动、呼吸或循环功能不全、从平原初到高原环境等。某些组织细胞，如皮肤、肾髓质、视网膜、白细胞等代谢极为活跃，在有氧条件下，仍需进行糖酵解以获得能量。成熟红细胞没有线粒体，不能进行有氧氧化，糖酵解是其唯一供能方式。

糖酵解的终产物是乳酸，过长时间的剧烈运动会造成乳酸在骨骼肌中大量堆积，引起酸痛，严重时会对肌肉造成损害。肌肉乳酸进入血液可引起血乳酸浓度的升高。在某些病理条件下会引起酸中毒，例如严重贫血、大量失血、呼吸障碍、循环障碍等。

二、糖的有氧氧化

（一）糖有氧氧化的概念

葡萄糖或糖原在有氧条件下彻底氧化成水和二氧化碳的过程称为糖的有氧氧化。水和二氧化碳是有机物在体内氧化的最彻底形式，当一种物质全部氧化成水和二氧化碳时，则称为彻底氧化。

（二）糖有氧氧化的过程

糖的有氧氧化习惯上分为三个阶段。第一阶段是葡萄糖或糖原分解为丙酮酸，此阶段的反应和糖酵解相同。需要注意的是有氧氧化和糖酵解仅有一点不同:3-磷酸甘油醛脱下的氢,不再交给丙酮酸使其还原为乳酸,而是进入线粒体,经线粒体内膜上的呼吸链氧化生成水,并释放能量。第二阶段是丙酮酸氧化脱羧生成乙酰CoA。第三阶段为乙酰CoA进入三羧酸循环彻底氧化成水和二氧化碳,并释放能量。

1. 丙酮酸氧化脱羧生成乙酰CoA 胞质中的丙酮酸被线粒体内膜上的载体协助进入线粒体,在丙酮酸脱氢酶复合体催化下脱氢和脱羧,生成乙酰CoA。乙酰CoA具有高能硫酯键,是高能化合物。此过程需要辅酶A(CoA-SH)的参与,脱下的氢的最终受体为NAD^+,还原为$NADH+H^+$,脱羧生成CO_2(图7-4)。

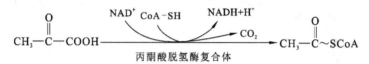

图7-4 丙酮酸的氧化脱羧过程

丙酮酸脱氢酶复合体由丙酮酸脱氢酶、二氢硫辛酸转乙酰酶和二氢硫辛酸脱氢酶三种酶按一定比例组成。丙酮酸依次由上述三种酶催化,经5步反应生成乙酰CoA。反应过程中有5种辅酶或辅基参与(表7-1)。

表7-1 丙酮酸脱氢酶复合体的组成

酶	辅酶或辅基	组成辅酶或辅基的维生素
丙酮酸脱氢酶	TPP	维生素B_1
二氢硫辛酸转乙酰酶	硫辛酸、CoA-SH	硫辛酸、泛酸
二氢硫辛酸脱氢酶	FAD、NAD^+	维生素B_2、维生素PP

2. 三羧酸循环 三羧酸循环(tricarboxylic acid cycle,TAC)是乙酰CoA彻底氧化的途径,从乙酰CoA和草酰乙酸缩合成含有三个羧基的柠檬酸开始,经过一系列的脱氢和脱羧反应后,再生成草酰乙酸的循环反应过程(图7-5)。因循环的第一个产物是柠檬酸,又称为柠檬酸循环;又由于最早由Krebs提出,故也称为Krebs循环。

每进行一次三羧酸循环,就会:①相当于消耗1分子乙酰CoA;②脱下4对氢,其中3对氢的受体是NAD^+,1对氢的受体是FAD;③产生1分子GTP,相当于1分子ATP;④产生2分子CO_2;⑤净生成10分子ATP。三羧酸循环在线粒体基质中进行,反应过程中脱下的氢可通过呼吸链传递给氧生成水,并产生ATP。$NADH+H^+$携带的1对氢经呼吸链传递生成2.5分子ATP,而$FADH_2$携带的1对氢经呼吸链传递生成1.5分子ATP,这种产生ATP的方式属于氧化磷酸化。1分子乙酰CoA经三羧酸循环氧化磷酸化产能:$3×2.5$分子ATP$+1×1.5$分子ATP$=9$分子ATP,再加上底物水平磷酸化产生的1分子GTP,共10分子ATP。

$$NADH+H^+ \xrightarrow[\text{氧化为}H_2O]{\text{NADH 氧化呼吸链}} 2.5ATP$$

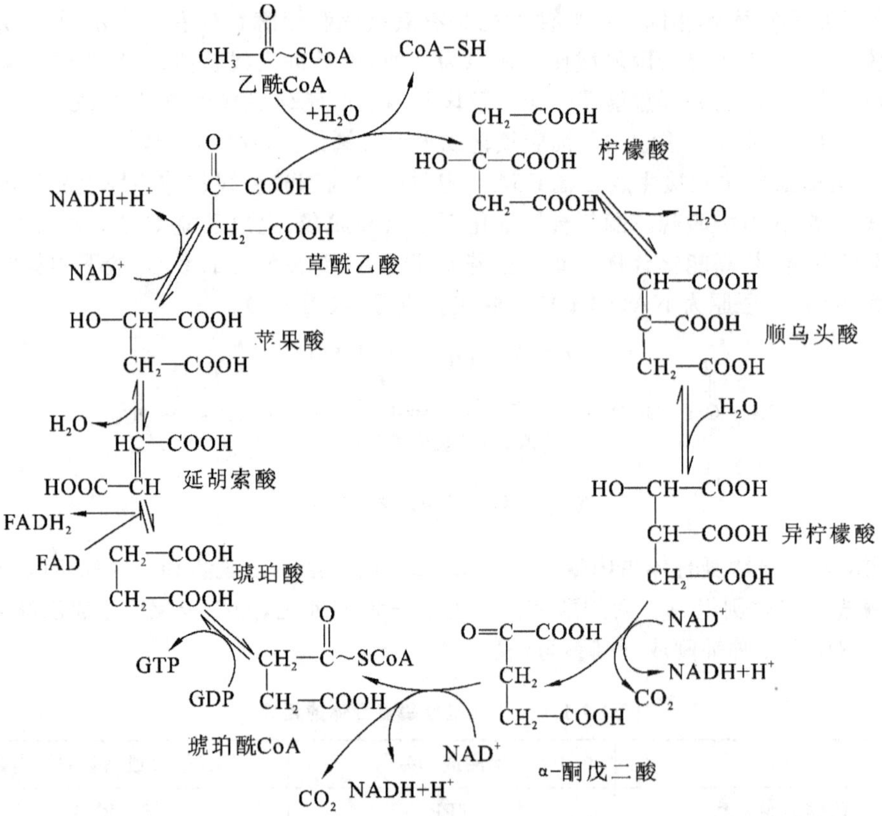

图 7-5　三羧酸循环的反应过程

$$FADH_2 \xrightarrow[\text{氧化为 } H_2O]{\text{琥珀酸氧化呼吸链}} 1.5ATP$$

　　三羧酸循环虽然是糖代谢的一个阶段,但它不是糖代谢独有的阶段。脂肪和蛋白质的分解代谢过程也包括三羧酸循环。

　　三羧酸循环的生理意义如下。①三羧酸循环是糖、脂肪和蛋白质彻底氧化的共同途径。三者在代谢过程中,均可产生乙酰 CoA 或三羧酸过程的中间产物(如 α-酮戊二酸、草酰乙酸等),通过三羧酸循环彻底氧化成水和二氧化碳。②三羧酸循环是糖、脂肪和蛋白质三大物质代谢联系的枢纽。三羧酸循环是三者共有的氧化阶段,通过三羧酸循环的中间产物,将三大代谢联系起来。③三羧酸循环提供合成某些物质的原料。如琥珀酰 CoA 是合成血红素的原料,α-酮戊二酸可转变为谷氨酸,草酰乙酸可转变为天冬氨酸等。三羧酸循环中的物质可以循环利用,如果脱离循环会引起三羧酸循环减弱。机体主要通过糖代谢中间产物丙酮酸羧化为草酰乙酸,来补充三羧酸循环的中间产物。

　　3. 糖有氧氧化的产能情况　葡萄糖经过有氧氧化过程,分子中的碳原子被氧化为羧基,通过脱羧作用生成 CO_2;分子中的氢原子通过脱氢作用,脱下的氢原子经呼吸链传递形成 H_2O。1 分子葡萄糖彻底氧化为 CO_2 和 H_2O,净产生 32 或 30 分子 ATP(表

7-2)。产能的变化是由第一阶段胞质中产生的 2 对氢(受体为 NAD^+),在不同组织中进入线粒体的穿梭方式不同造成的。

表 7-2 葡萄糖有氧氧化生成的 ATP

	反 应	受氢体	ATP
第一阶段	葡萄糖→6-磷酸葡萄糖	—	−1
	6-磷酸果糖→1,6-二磷酸果糖	—	−1
	2×3-磷酸甘油醛→2×1,3-二磷酸甘油酸	NAD^+	2×2.5 或 2×1.5*
	2×1,3-二磷酸甘油酸→2×3-磷酸甘油酸	—	2×1
	2×磷酸烯醇式丙酮酸→2×丙酮酸	—	2×1
第二阶段	2×丙酮酸→2×乙酰 CoA	NAD^+	2×2.5
第三阶段	2×异柠檬酸→2×α-酮戊二酸	NAD^+	2×2.5
	2×α-酮戊二酸→2×琥珀酰 CoA	NAD^+	2×2.5
	2×琥珀酰 CoA→2×琥珀酸	—	2×1
	2×琥珀酸→2×延胡索酸	FAD	2×1.5
	2×苹果酸→2×草酰乙酸	NAD^+	2×2.5
净生成		—	32 或 30*

注 *经苹果酸-天冬氨酸穿梭,1 分子 NADH$+H^+$ 产生 2.5 分子 ATP;经 α-磷酸甘油穿梭,1 分子 NADH$+H^+$ 产生 1.5 分子 ATP。

4. 有氧氧化的生理意义 糖的有氧氧化是机体供能的主要途径。它把糖彻底氧化成水和二氧化碳,产能效率高。

巴斯德效应

1861 年法国科学家巴斯德(L.Pasteur)在研究酵母发酵的酒精产量和氧分压之间的关系时发现,在有氧条件下抑制酵母菌的发酵,这种现象称为巴斯德效应。人体肌肉也有类似现象,正常生理条件下氧供应充足,肌肉有氧氧化得到促进,糖酵解受到抑制。剧烈运动时肌肉处于暂时缺氧状态,肌肉中糖酵解增强。有氧条件下糖分解生成的 NADH$+H^+$ 进入线粒体呼吸链氧化,重新生成 NAD^+,分解代谢中间产物丙酮酸可进入线粒体进行有氧氧化彻底分解为 H_2O 和 CO_2;无氧时 NADH$+H^+$ 无法进入线粒体呼吸链氧化,而将氢转移给丙酮酸,使丙酮酸还原为乳酸,从而使 NADH$+H^+$ 恢复为 NAD^+,维持无氧条件下糖酵解的持续进行。

三、磷酸戊糖途径

磷酸戊糖途径不是糖的供能途径,它的主要意义是产生 5-磷酸核糖和 NADPH。该途径在肝脏、脂肪组织、红细胞、泌乳期乳腺、肾上腺皮质、性腺等组织器官中比较活跃,整个反应过程在胞质中完成。

(一)反应过程

磷酸戊糖途径分两个阶段,第一阶段是氧化反应,生成磷酸戊糖、NADPH 和 CO_2;第二阶段是非氧化反应,包括一系列基团转移反应(图 7-6)。

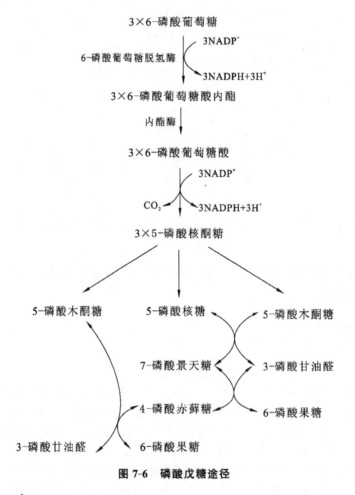

图 7-6 磷酸戊糖途径

(二)生理意义

1. 为核酸的合成提供 5-磷酸核糖

5-磷酸核糖是体内合成核苷酸和核酸的原料。体内的核糖并不依赖从食物中摄入,主要通过磷酸戊糖途径合成。

2. 提供 NADPH 作为供氢体,参与多种代谢反应

(1)参与脂肪酸、胆固醇等物质的生物合成。因此,脂类和胆固醇合成中磷酸戊糖途径十分活跃。

(2)维持谷胱甘肽的还原状态。NADPH 是谷胱甘肽还原酶的辅酶,对维持细胞内还原型谷胱甘肽(GSH)的含量有重要作用。

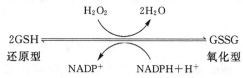

谷胱甘肽能与氧化剂(如 H_2O_2 等)反应,清除氧化剂,从而保护巯基蛋白或巯基酶免受氧化剂损害。还原型谷胱甘肽对红细胞膜的完整性有重要意义。有些人体内缺乏 6-磷酸葡萄糖脱氢酶,NADPH 产生量减少,细胞 GSH 含量减少,在某些因素诱发下,例如食用蚕豆或服用某些药物(如伯氨喹啉等),红细胞很容易破裂发生溶血(该疾病称为蚕豆病)。

(3)参与体内羟化反应。因此,磷酸戊糖途径与药物、毒物和某些激素的生物转化有关。

第三节 糖原的合成与分解

一、糖原概述

糖原是葡萄糖在动物体内的储存形式。它是以葡萄糖为单位聚合而成的大分子多糖,分子中的葡萄糖单位通过 α-1,4-糖苷键构成直链,在链的分支处以 α-1,6-糖苷键构成分支。糖原的结构类似植物淀粉,故称为"动物淀粉"。体内的肝脏和肌肉是储存糖原的主要器官,肝糖原占肝重的 5%,总量约 100 g;肌糖原占肌肉重量的 1%～2%,总量约 300 g。虽然肝糖原和肌糖原化学组成和结构相同,但生理意义不同。肝糖原是血糖的重要来源,而肌糖原的主要生理功能是为肌肉的收缩提供能量。

二、糖原的合成

由单糖(主要为葡萄糖)合成糖原的过程,称为糖原合成。糖原合成主要在胞质中进行,包括以下步骤。

(1)葡萄糖磷酸化生成 6-磷酸葡萄糖。

$$葡萄糖+ATP \xrightarrow[\text{或葡萄糖激酶(肝)}]{\text{己糖激酶(肌肉等)}} 6\text{-磷酸葡萄糖}+ADP$$

(2)6-磷酸葡萄糖转变为 1-磷酸葡萄糖。

$$6\text{-磷酸葡萄糖} \xrightarrow{\text{磷酸葡萄糖变位酶}} 1\text{-磷酸葡萄糖}$$

(3)1-磷酸葡萄糖生成尿苷二磷酸葡萄糖(UDPG):在 UDPG 焦磷酸化酶催化下,1-磷酸葡萄糖与 UTP 反应,生成 UDPG 和 PPi(焦磷酸),PPi 随即被焦磷酸酶水解为 2

分子磷酸。UDPG 是葡萄糖合成糖原的活性形式。

$$1\text{-磷酸葡萄糖} + UTP \xrightarrow{\text{UDPG 焦磷酸化酶}} UDPG + PPi(\text{焦磷酸})$$

（4）从 UDPG 合成糖原：在糖原合酶的催化下，UDPG 中的葡萄糖基转移到糖原引物上，以 α-1,4-糖苷键相连。糖原引物就是细胞内原有的、较小的糖原分子，在糖原合成过程中必须有糖原引物存在，因为游离葡萄糖不能作为 UDPG 葡萄糖基的接受体。

$$\text{糖原引物}(G_n) + UDPG \xrightarrow{\text{糖原合酶}} \text{糖原}(G_{n+1}) + UDP$$

上述反应反复进行，糖链逐渐延长，但并不能形成新的分支，因为糖原合酶只能形成 α-1,4-糖苷键，不能形成 α-1,6-糖苷键，而分支点葡萄糖残基之间的连接方式为 α-1,6-糖苷键。

当糖链延长超过 11 个葡萄糖残基时，分支酶将其中长约 7 个葡萄糖残基的糖链转移至另一段糖链上，以 α-1,6-糖苷键相连，从而形成新分支。因此，在糖原合酶和分支酶的共同作用下，糖原分子不断增大，分支数不断增多（图 7-7）。

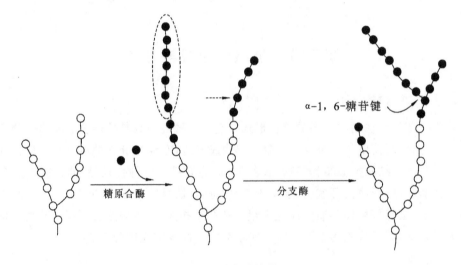

图 7-7　分支酶的作用

三、糖原的分解

糖原分解习惯上是指肝糖原分解为葡萄糖的过程。

（1）糖原分解为 1-磷酸葡萄糖：从糖原的非还原端（糖链的末端）开始，磷酸化酶逐个分解葡萄糖残基生成 1-磷酸葡萄糖。

$$\text{糖原}(G_n) + Pi(\text{磷酸}) \xrightarrow{\text{磷酸化酶}} \text{糖原}(G_{n-1}) + 1\text{-磷酸葡萄糖}$$

磷酸化酶只能分解 α-1,4-糖苷键，而对 α-1,6-糖苷键无作用。当磷酸化酶分解糖链至距分支点约 4 个葡萄糖残基时，由脱支酶把其中 3 个葡萄糖残基转移到邻近糖链的末端，以 α-1,4-糖苷键相连。剩余的 1 个葡萄糖残基被脱支酶水解成游离葡萄糖（图

7-8）。在磷酸化酶和脱支酶的共同作用下糖原分子逐渐变小,生成大量 1-磷酸葡萄糖和少量游离葡萄糖。

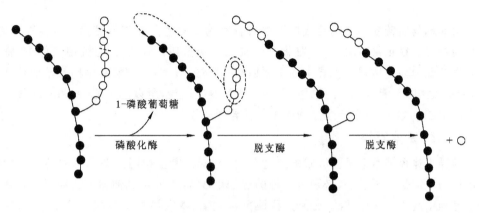

图 7-8 脱支酶的作用

（2）1-磷酸葡萄糖转变为 6-磷酸葡萄糖。

$$1\text{-磷酸葡萄糖} \xrightleftharpoons{\text{磷酸葡萄糖变位酶}} 6\text{-磷酸葡萄糖}$$

（3）6-磷酸葡萄糖水解为葡萄糖。

$$6\text{-磷酸葡萄糖} + H_2O \xrightarrow{\text{葡萄糖-6-磷酸酶}} \text{葡萄糖} + Pi（磷酸）$$

葡萄糖-6-磷酸酶只存在于肝、肾中,而肌肉中无此酶。因此,肝糖原可以分解为葡萄糖,进入血液,补充血糖;肌糖原在肌肉中不能分解为葡萄糖,肌糖原不能直接补充血糖。肌糖原分解生成 6-磷酸葡萄糖后,可进入糖酵解,生成乳酸。乳酸经过血液到肝,再经糖异生作用合成葡萄糖或糖原。所以肌糖原可以间接补充血糖,但意义不大。肌糖原的主要生理意义是为肌肉收缩提供能量。

知识链接

糖原累积症

糖原累积症（Glycogen storage disease）是一类遗传性疾病,患者存在与糖原代谢有关的酶缺陷,造成糖原在某些器官组织中的大量堆积。根据所缺陷的酶的种类不同,可分为 12 个类型。每型受累器官和糖原结构的变化不同,对健康和生命的影响也不同。如患者为Ⅰ型,缺乏葡萄糖-6-磷酸酶,机体不能动用糖原维持血糖,会出现低血糖;Ⅲ型患者缺乏脱支酶,堆积多分支糖原;Ⅳ型患者缺乏分支酶,积累少分支糖原,患儿往往一周岁内死于心脏或肝功能衰竭。

第四节 糖 异 生

由非糖物质转变为葡萄糖或糖原的过程称为糖异生。肝脏是糖异生的主要器官，其次为肾脏。在正常情况下，肾脏糖异生能力只有肝脏的 1/10。在饥饿条件下，肾脏糖异生的能力显著增强。糖异生的主要原料有乳酸、甘油、丙酮酸和生糖氨基酸等。乙酰 CoA 在体内不能转变为丙酮酸，无法进入糖异生途径，所以乙酰 CoA 和分解代谢过程中产生乙酰 CoA 的脂肪酸等物质不是糖异生的原料。

一、糖异生途径

糖异生途径基本上是糖酵解的逆过程，但两者不完全相同。糖酵解中的三个关键酶催化的反应是不可逆的，必须有另外的酶催化，才能逆向生成葡萄糖或糖原。而在糖异生过程中起关键作用的酶，分别是丙酮酸羧化酶、磷酸烯醇式丙酮酸羧激酶、果糖二磷酸酶和葡萄糖-6-磷酸酶。

1. 丙酮酸羧化支路

丙酮酸在丙酮酸羧化酶催化下生成草酰乙酸，然后在磷酸烯醇式丙酮酸羧激酶催化下，草酰乙酸脱羧基，并从 GTP 获得磷酸，生成磷酸烯醇式丙酮酸的过程称为丙酮酸羧化支路(图 7-9)。通过此途径，使丙酮酸转变为磷酸烯醇式丙酮酸。

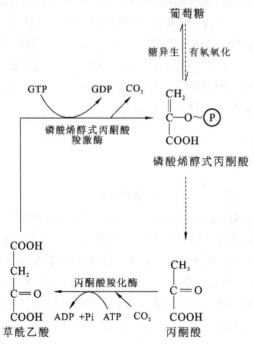

图 7-9 丙酮酸羧化支路

2. 1,6-二磷酸果糖转变为 6-磷酸果糖

在果糖二磷酸酶的催化下,1,6-二磷酸果糖转变为 6-磷酸果糖(图 7-10)。

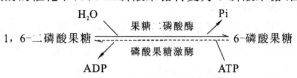

图 7-10　1,6-二磷酸果糖的转变过程

3. 6-磷酸葡萄糖转变为葡萄糖

6-磷酸葡萄糖转变为葡萄糖是在葡萄糖-6-磷酸酶催化下进行的(图 7-11)。

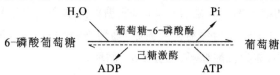

图 7-11　6-磷酸葡萄糖的转变过程

乳酸脱氢转变为丙酮酸进行糖异生(图 7-12),甘油和生糖氨基酸的糖异生过程分别在脂类代谢和蛋白质代谢中叙述。

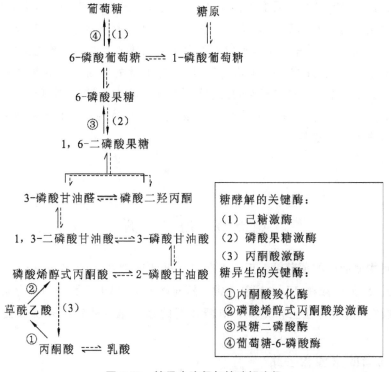

图 7-12　糖异生途径与糖酵解途径

二、糖异生的生理意义

1. 维持血糖浓度的相对恒定

空腹或饥饿状态下，肝糖原不超过 12 h 就被耗竭，此后，机体基本依靠糖异生作用来维持血糖浓度的相对恒定。正常生理条件下，肝脏是主要糖异生器官；长期饥饿时，肾脏糖异生能力大大增强，故也能成为糖异生的主要器官。

2. 补充肝糖原

糖异生是肝脏补充和恢复糖原储备的重要途径。

3. 有利于乳酸的利用

乳酸是糖异生的重要原料。剧烈运动时，肌糖原酵解产生大量乳酸，经血液输送到肝脏，在肝脏内经糖异生转变为葡萄糖或糖原，葡萄糖释放入血，再被肌组织摄取利用，这就构成了一个循环，称为乳酸循环，也称 Cori 循环。

知识链接

剧烈运动后乳酸的消除

剧烈运动后产生大量乳酸。机体消除乳酸有三条途径：第一，在心肌、骨骼肌中氧化为水和二氧化碳；第二，在肝脏、肾脏经糖异生转变为葡萄糖和糖原；第三，直接经汗、尿排出体外。人体运动后乳酸的主要去路首先是在心肌、骨骼肌中有氧氧化；其次是糖异生作用，只有少量乳酸随汗液和尿液排出体外。人体运动肌糖原被耗竭后，经过数日才能恢复其储备量，而肌乳酸在人体运动后 0.5～1 h 就可降至运动前水平，故运动后机体利用乳酸合成糖原对肌糖原的恢复并不重要。

第五节 血 糖

血糖是指血液中的葡萄糖。正常人空腹血糖浓度为 3.9～6.1 mmol/L，饭后血糖浓度稍有升高，但一般在 2 h 内恢复正常。短时间不进食，由于肝糖原的分解和糖异生作用，血糖浓度仍维持在正常范围。血糖浓度的相对恒定依赖其来源和去路的动态平衡。

一、血糖的来源和去路

1. 血糖的来源

①食物中的糖消化吸收：食物中的糖经消化吸收进入血液，这是血糖的主要来源。

②肝糖原的分解是空腹时血糖的主要来源(肝糖原的分解维持血糖浓度恒定的时间一般不超过 12 h)。③糖异生作用:在较长时间的空腹或饥饿状态下只能依靠糖异生维持血糖浓度的相对恒定。

2. 血糖的去路

①氧化分解:葡萄糖在细胞内氧化分解供能,是血糖最主要的去路。②合成糖原:在肝、肌肉等组织中合成糖原。③转变为其他糖类物质和糖的衍生物:如核酸、氨基多糖等。④转变为非糖类物质:如脂肪、非必需氨基酸等。

当血糖浓度正常时,肾小管细胞能将原尿中几乎所有的葡萄糖重新吸收入血,所以用一般检查尿糖的方法测不出糖。当血糖的浓度超过 8.9～10.0 mmol/L 时,就超过了肾小管的重吸收能力,即出现糖尿。尿液中开始出现葡萄糖的最低血糖浓度为8.9～10.0 mmol/L,因此,这个范围称为肾糖阈(图 7-13)。

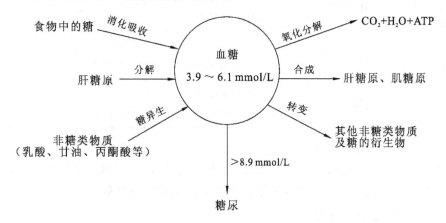

图 7-13 血糖的来源和去路

二、血糖浓度的调节

正常情况下,在神经系统、激素和组织器官的共同调节下,血糖的来源和去路保持动态平衡,血糖浓度保持相对恒定。

(一)组织器官的调节

肝是调节血糖的最重要器官。进食后血糖浓度升高,肝、肌肉等组织摄取血糖合成糖原储存,使饭后血糖浓度不至于过高。当血糖浓度降低时,肝糖原分解为葡萄糖,补充血糖。空腹和饥饿状态下肝、肾通过加强糖异生作用来维持血糖浓度的相对恒定。

(二)激素的调节

调节血糖的激素分为降血糖激素和升血糖激素两大类,降血糖激素只有胰岛素一种,升血糖激素包括胰高血糖素、肾上腺素、糖皮质激素和生长素等。这两类激素相互拮抗、相互制约,它们通过调节糖原的合成和分解、糖的氧化分解、糖异生等途径的关键酶或限速酶的活性或含量来调节血糖浓度,使其保持恒定(表 7-3)。

表 7-3　激素对血糖浓度的调节作用

	激　素	作　用　机　制
降血糖激素	胰岛素	(1) 促进肌肉、脂肪细胞摄取葡萄糖 (2) 促进糖的氧化 (3) 促进糖原合成,抑制糖原分解 (4) 抑制糖异生 (5) 促进糖转变为脂肪,抑制脂肪动员
升血糖激素	胰高血糖素	(1) 抑制糖原合成,促进糖原分解 (2) 促进糖异生 (3) 促进脂肪动员,减少糖的利用
	肾上腺素	(1) 促进肝糖原和肌糖原分解 (2) 促进糖异生
	糖皮质激素	(1) 促进肌肉蛋白质分解,加速糖异生 (2) 抑制肝外组织摄取利用葡萄糖
	生长素	(1) 促进糖异生 (2) 抑制肌肉和脂肪组织利用葡萄糖

（三）神经系统的调节

神经系统通过控制激素的分泌来调节血糖。交感神经兴奋时,肾上腺素分泌增加,血糖浓度升高;迷走神经兴奋时,胰岛素分泌增加,血糖浓度降低。

三、高血糖和低血糖

（一）高血糖

空腹血糖浓度高于 7.2 mmol/L 时称为高血糖。当血糖浓度过高超过肾糖阈时,会出现糖尿。引起高血糖和糖尿的原因可分为生理性和病理性两类。

1. 生理性高血糖　一次进食大量糖,血糖浓度大幅度上升可出现糖尿,这种现象称为饮食性糖尿;情绪激动时,由于交感神经兴奋,肾上腺素分泌增加,后者引起肝糖原分解,出现高血糖和糖尿,称为情绪性糖尿。临床上短时间内静脉注射大量葡萄糖,也可使血糖迅速升高,并出现糖尿。

2. 病理性高血糖　病理性高血糖和糖尿最多见于糖尿病。糖尿病是由于胰岛 β 细胞功能障碍,分泌胰岛素减少(胰岛素绝对缺乏);或者是组织对胰岛素敏感性降低(胰岛素抵抗)引起的。由于胰岛素绝对或相对不足,血糖不能正常地被组织摄取和利用,导致血糖升高和糖尿。此外,慢性肾炎、肾病综合征等导致肾小管对糖的重吸收能力下降,即肾糖阈下降,也可出现糖尿,但此时血糖浓度正常。

（二）低血糖

空腹血糖浓度低于 3.3 mmol/L 时称为低血糖。脑组织主要以葡萄糖为能源物质,且几乎没有糖原储备,所以脑组织首先对低血糖出现反应,表现为头昏、心悸、出冷汗及饥饿等症状。严重时会出现昏迷,甚至死亡。

引起低血糖的原因有:胰岛 β 细胞增生或肿瘤,腺垂体功能低下或肾上腺皮质功能减退,肝功能障碍,长期饥饿等。

口服糖耐量试验

临床上可通过口服糖耐量试验(OGTT)来诊断患者有无糖代谢异常。该试验的方法为:被试者清晨空腹静脉采血测定血糖浓度,然后一次服用 100 g 葡萄糖,服糖后的 0.5 h、1 h、2 h(必要时可在 3 h)各测血糖一次。以测定血糖的时间为横坐标,血糖浓度为纵坐标,绘制糖耐量曲线。正常人在服糖后0.5～1 h血糖浓度达到高峰,然后逐渐降低,一般 2 h 左右恢复正常值。糖尿病患者的空腹血糖高于正常值,服糖后血糖浓度急剧升高,2 h 后明显高于正常。有的人空腹血糖正常,服糖后各时间点血糖浓度高于正常值,提示糖代谢出现异常,如胰岛素抵抗。

糖是机体最主要的能源物质,其最重要的生理功能是氧化供能。在缺氧条件下葡萄糖或糖原经糖酵解过程分解为乳酸,生成少量 ATP,这是机体的应急供能方式,也是某些组织细胞(成熟红细胞、视网膜等)正常的供能方式。有氧氧化是葡萄糖或糖原氧化供能的主要方式,糖彻底氧化为水和二氧化碳,生成大量 ATP。磷酸戊糖途径不是供能途径,它的意义在于产生两种重要的物质:5-磷酸核糖和 NADPH。糖原是葡萄糖的储存形式,肝糖原能补充血糖,肌肉中因缺乏葡萄糖-6-磷酸酶,而使肌糖原无法分解为葡萄糖,不能补充血糖,其主要意义是为肌肉的收缩提供能量。非糖物质转变为葡萄糖或糖原的过程称为糖异生,肝脏和肾脏是糖异生的主要器官。血糖是指血液中的葡萄糖,正常人空腹血糖浓度为 3.9～6.1 mmol/L。血糖的来源有:食物中的糖的消化吸收、肝糖原的分解和糖异生作用。血糖的去路有:氧化分解、合成糖原、转变为其他糖类物质及糖的衍生物和转变为脂肪、非必需氨基酸等非糖类物质。在神经系统、激素和组织器官的共同调节下,血糖的来源和去路保持动态平衡,血糖浓度保持相对恒定。

 能力检测

一、名词解释

1.糖酵解　2.糖的有氧氧化　3.糖异生　4.三羧酸循环　5.乳酸循环

二、填空题

1. 糖分解代谢的三条主要途径包括_____、_____、_____,其中氧化供能途径有_____、_____。

2. 磷酸戊糖途径的生理意义在于产生_____和_____两种重要的物质。

3. 糖酵解的三个关键酶是_____、_____和_____。

4. 每进行 1 次三羧酸循环共脱下_____对氢,其中有_____对氢,氢受体为 NAD^+;_____对氢,氢受体为 FAD。

5. 糖原合成与分解的关键酶分别为_____和_____。

6. 体内糖异生的部位为_____和_____,主要原料有_____、_____、_____和_____等。

7. 正常人空腹血糖浓度为_____。

三、单项选择题

1. 成熟红细胞的主要供能方式为(　　)。

A. 糖酵解 　　　　　　　　　　B. 有氧氧化

C. 磷酸戊糖途径 　　　　　　　D. 糖异生

E. 脂肪酸 β-氧化

2. 1分子葡糖糖经糖酵解氧化分解为 2 分子乳酸,净产生(　　)分子 ATP。

A. 2 　　　　B. 3 　　　　C. 10 　　　　D. 30 　　　　E. 32

3. 糖有氧氧化进行的部位有(　　)。

A. 胞质 　　　　　　　　　　　B. 线粒体

C. 内质网 　　　　　　　　　　D. 胞质和内质网

E. 胞质和线粒体

4. 不参与丙酮酸氧化脱羧反应的维生素是(　　)。

A. 维生素 B_1 　　　　　　　　B. 维生素 B_2

C. 维生素 PP 　　　　　　　　　D. 维生素 B_6

E. 泛酸

5. 每进行 1 次三羧酸循环,净产生(　　)分子 ATP。

A. 2 　　　　B. 3 　　　　C. 10 　　　　D. 30 　　　　E. 32

6. 在肝内,1分子葡萄糖彻底氧化为 CO_2 和 H_2O 净产生(　　)分子 ATP。

A. 2 　　　　B. 3 　　　　C. 10 　　　　D. 30 　　　　E. 32

7. 磷酸戊糖途径的生理意义不包括下列哪一项？（　　）

A. NADPH 作为供氢体参与脂肪酸、胆固醇的生物合成

B. 它是糖氧化供能的主要方式之一

C. 维持细胞还原型谷胱甘肽的含量

D. 参与体内的羟化反应

E. 为核酸生物合成提供原料

8. 葡萄糖合成糖原的活性形式为（　　）。

A. UDPG　　　B. UDPGA　　　C. UTPG　　　D. 1-磷酸葡萄糖　　　E. 6-磷酸葡萄糖

9. 肌糖原不能直接补充血糖的原因是（　　）。

A. 肌糖原与肝糖原分子结构不同　　　　B. 肌肉缺少己糖激酶

C. 肌肉无磷酸化酶　　　　　　　　　　D. 肌肉无葡萄糖-6-磷酸酶

E. 肌肉缺少糖原合酶

10. 空腹和饥饿状态下血糖浓度的维持主要依靠（　　）。

A. 肝糖原的分解　　　　　　　　　　　B. 肌糖原的分解

C. 糖异生　　　　　　　　　　　　　　D. 糖的有氧氧化

E. 糖酵解

11. 以下哪种酶不是糖异生的关键酶？（　　）

A. 丙酮酸羧化酶　　　　　　　　　　　B. 磷酸烯醇式丙酮酸羧激酶

C. 果糖二磷酸酶　　　　　　　　　　　D. 己糖激酶

E. 葡萄糖-6-磷酸酶

12. 不能进行糖异生的物质有（　　）。

A. 乳酸　　　B. 丙酮酸　　　C. 乙酰 CoA　　　D. 生糖氨基酸　　　E. 甘油

13. 体内唯一的降血糖激素为（　　）。

A. 胰岛素　　　B. 胰高血糖素　　　C. 肾上腺素　　　D. 糖皮质激素　　　E. 生长素

四、简答题

1. 简述三羧酸循环的生理意义。

2. 糖异生有何生理意义？

3. 血糖的来源和去路有哪些？

4. 机体是如何调节血糖浓度的？

（邢台医学高等专科学校　王晓凌）

第八章 脂类代谢

掌握 血浆脂蛋白的分类和生理功能；脂肪酸 β-氧化的特点；酮体的概念、代谢特点和生理意义；胆固醇的转化。

熟悉 脂肪动员的过程和影响因素；甘油代谢过程。

了解 脂类的分类和功能；脂肪和脂肪酸合成的特点；甘油磷脂代谢特点；高脂血症。

第一节 概 述

脂类又称脂质,包括脂肪和类脂。类脂包括磷脂(PL)、糖脂(GL)、胆固醇(Ch)和胆固醇酯(CE)等。脂类物质都难溶于水而易溶于有机溶剂,是生物体的重要组成成分。

一、脂类的分布和含量

1. 脂肪 脂肪又称三酰甘油或甘油三酯。脂肪是由 1 分子甘油和 3 分子脂肪酸脱水缩合通过酯键相连的化合物。人体内的脂肪主要储存于脂肪组织,分布于皮下、大网膜、肠系膜、肾周围等部位。成年男子脂肪含量占体重的 $10\%\sim20\%$,女子稍高。人体内脂肪常受营养状况和机体活动的影响而有较大的变化,故称为可变脂。

2. 类脂 类脂是生物膜的基本组分,分布于各组织中,尤其以神经系统中含量最多。类脂含量约占体重的 5%,含量比较固定,不易受营养状况和人体活动的影响,故称为固定脂或基本脂。

二、脂类的生理功能

（一）脂肪的生理功能

1. 储能和供能 脂肪在体内最重要的生理功能是储能和供能。1 g 脂肪在体内彻底氧化分解可释放 38.94 kJ(9.3 kcal)的能量,比 1 g 糖或蛋白质所释放的能量(17.1 kJ 或 4.1 kcal)多 1 倍以上。

2. 维持体温 皮下脂肪不易导热,可以延缓热量散失,维持体温。

3. 保护和固定内脏 位于皮下和内脏处的脂肪犹如软垫,可以对机械撞击有缓冲作用,保护内脏器官。另外,内脏周围脂肪可起到固定内脏作用。

（二）类脂的生理功能

1. 构成生物膜 生物膜主要由类脂和蛋白质组成。组成生物膜的类脂有磷脂、糖脂、胆固醇等,它们含量的改变会导致膜物理性质的改变,进而影响膜上酶的活性和蛋白质的功能。

2. 转变为具有重要生理功能的物质 如胆固醇可转变为胆汁酸、类固醇激素、维生素 D_3;磷脂酰肌醇 4,5-二磷酸可在磷脂酶 C 催化下生成细胞内的两个第二信使 DAG 和 IP_3;花生四烯酸可转变为前列腺素、血栓素、白三烯。

3. 提供必需脂肪酸 人体不能合成、必须由食物供给的脂肪酸称为必需脂肪酸,包括亚油酸、亚麻酸和花生四烯酸。油脂营养价值的高低取决于其必需脂肪酸的含量。植物油以油酸、亚油酸、亚麻酸等不饱和脂肪酸为主,必需脂肪酸含量高,熔点低,在室温呈液态;动物脂肪以饱和脂肪酸为主,必需脂肪酸含量低,熔点高,在室温呈固态。所以植物油营养价值一般高于动物脂肪。

（三）脂类的消化和吸收

脂类物质主要在小肠消化和吸收。胆汁中的胆汁酸盐可降低水/油两相的表面张力,是强有力的乳化剂,能使脂类物质乳化为细小的微粒,有利于消化酶的消化。胰液中有胰脂酶、磷脂酶和胆固醇酯酶等消化酶,可水解相应的脂类物质。胰脂酶在辅脂酶的协助下将脂肪水解为单酰甘油和脂肪酸。辅脂酶是胰腺分泌的一种小分子蛋白质,具有与胰脂酶及脂肪相结合的特性,它使胰脂酶得以克服胆汁酸盐的阻隔作用,从而确保胰脂酶与脂肪相结合,因此,辅脂酶是在生理情况下,肠腔中脂肪消化的一个必不可少的因子。磷脂被水解为溶血磷脂和脂肪酸,胆固醇酯被水解为胆固醇和脂肪酸。水解产物与胆汁酸盐形成混合微团,被肠黏膜细胞吸收。

中、短链脂肪酸(2~10 个 C)构成的脂肪可以不经过消化酶的水解,直接经胆汁酸乳化后被肠黏膜细胞吸收,在肠黏膜细胞内脂肪酶作用下水解为甘油和脂肪酸,通过门静脉入血。长链脂肪酸(12~26 个 C)构成的脂肪需在肠道消化为单酰甘油和脂肪酸才能被吸收,在肠黏膜细胞内再合成脂肪,与其他脂类物质和载脂蛋白一起形成乳糜微粒,进入淋巴循环,最终汇入静脉。

第二节　血脂及血浆脂蛋白

一、血脂的组成和含量

血脂是指血浆中的脂类物质,包括三酰甘油(TG)、磷脂(PL)、胆固醇(Ch)、胆固醇酯(CE)和游离脂肪酸(FFA)等。血脂含量易受年龄、性别、膳食、运动、代谢等因素的影响,波动范围较大。正常人空腹 12~14 h 血脂的组成和正常参考值见表 8-1。

表 8-1　血脂的组成和正常参考值

脂　　类	正常参考值/(mmol/L)
三酰甘油	0.11~1.69
磷脂	48.44~80.73

续表

脂　　　类	正常参考值/(mmol/L)
游离胆固醇	1.03～1.81
胆固醇酯	1.81～5.17
总胆固醇	2.59～6.47
游离脂肪酸	0.20～0.78
脂类总含量	6.70～12.20

血脂水平可以反映体内脂类物质代谢的状况,临床上作为高脂血症、动脉粥样硬化、冠心病等的诊断指标。

二、血浆脂蛋白的结构、分类与组成

血脂成分都是疏水性物质,难以在血液中直接运输。血脂的运输形式有两种:血浆中的游离脂肪酸与清蛋白结合,形成脂肪酸-清蛋白复合物;其他血脂成分与载脂蛋白形成血浆脂蛋白。血浆脂蛋白是血浆中的脂类与载脂蛋白结合成的复合物,是血脂存在、运输和代谢的主要形式。

（一）血浆脂蛋白的结构

脂类物质中的强疏水性成分三酰甘油和胆固醇酯位于颗粒内核,载脂蛋白位于颗粒的表面,磷脂、胆固醇的亲水基团位于颗粒表面,而它们的疏水部分位于颗粒内部。这样,血浆脂蛋白表面有大量亲水基团,形成亲水颗粒,能够在血液中顺利运输和代谢(图 8-1)。

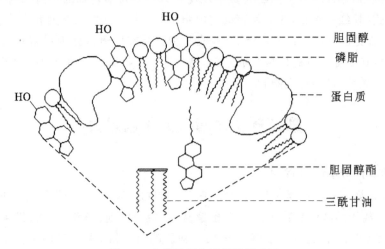

图 8-1　血浆脂蛋白的结构模式图

（二）血浆脂蛋白的分类

血浆脂蛋白可通过电泳法或超速离心法进行分类。

1. 电泳法　各种血浆脂蛋白所含载脂蛋白的种类和数量不同,故其表面的电荷多少不同,颗粒大小也不同,在电场中电泳时其迁移速率亦不同。按其在电场中移动的快

慢,可将血浆脂蛋白分为:乳糜微粒(chylomicron,CM)、β-脂蛋白(β-lipoprotein,β-LP)、前β-脂蛋白(preβ-lipoprotein,preβ-LP)、α-脂蛋白(α-lipoprotein,α-LP)四类。如图8-2所示,α-脂蛋白移动最快,乳糜微粒停留在原点不动。

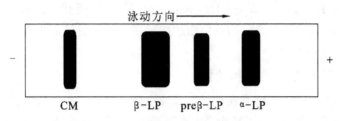

图 8-2 血浆脂蛋白电泳图谱示意图

2. 超速离心法 不同脂蛋白中各种脂类和蛋白质所占比例不同,故其密度大小各不相同,因此,这种分类方法也称为密度分类法。含三酰甘油多者密度低,少者密度高。血浆脂蛋白在一定密度的盐溶液中进行离心时,根据沉降速率不同可分为四类:乳糜微粒、极低密度脂蛋白(very low density lipoprotein,VLDL)、低密度脂蛋白(low density lipoprotein,LDL)和高密度脂蛋白(high density lipoprotein,HDL)。

正常人空腹血液中 LDL 含量最多,约占总脂蛋白的 2/3(48%~68%),HDL 占脂蛋白总量的 30%~47%,VLDL 含量很少,仅占总脂蛋白的 4%~16%。正常人空腹血浆中不应检出 CM,CM 应该仅在进食后出现。

(三)血浆脂蛋白的组成

各类血浆脂蛋白都含有载脂蛋白、磷脂、胆固醇和胆固醇酯,但组成比例有很大差异(表 8-2)。

表 8-2 血浆脂蛋白组成和功能

分 类	超速离心法	CM	VLDL	LDL	HDL
	电泳法	CM	pre β-LP	β-LP	α-LP
性质	密度/(g/mL)	<0.95	0.95~1.006	1.006~1.063	1.063~1.210
	直径/nm	80~500	25~70	19~23	4~10
组成/(%)	蛋白质	0.5~2	5~10	20~25	50
	三酰甘油	80~95	50~70	10	5
	磷脂	5~7	15	20	25
	胆固醇及其酯	4~5	15~19	48~50	20~23
	脂类总量	98~99	90~95	75~80	50
合成部位		—	小肠黏膜细胞	肝细胞	血浆	肝、小肠
功能		—	转运外源性三酰甘油	转运内源性三酰甘油	从肝向肝外组织转运胆固醇	从肝外组织向肝转运胆固醇

脂蛋白中的蛋白质成分称为载脂蛋白(apolipoprotein, Apo),由肝细胞和小肠黏膜细胞合成,目前发现的载脂蛋白有20余种,可分为A、B、C、D、E五大类。载脂蛋白的功能如下。①稳定脂蛋白结构,增强脂蛋白颗粒的水溶性。②参与脂蛋白受体的识别。如 Apo A I 识别 HDL 受体,Apo B100、Apo E 识别 LDL 受体。③调节脂蛋白代谢关键酶的活性。如 C II 激活 LPL(脂蛋白脂肪酶),而 Apo C III 抑制 LPL;A I 激活 LCAT(卵磷脂-胆固醇脂酰转移酶)。

三、血浆脂蛋白的代谢和功能

1. 乳糜微粒(CM) CM 是在小肠黏膜细胞内吸收食物中的脂类后形成的脂蛋白,其主要脂类成分是三酰甘油。CM 经淋巴循环进入血液循环,食入大量脂肪后血液中 CM 增多,引起饭后血浆浑浊,但数小时后血浆又澄清。这是因为在肌肉、脂肪组织等处毛细血管内皮细胞表面存在脂蛋白脂肪酶(LPL),可催化 CM 中的三酰甘油水解为甘油和脂肪酸。CM 被组织细胞摄取利用后,颗粒逐渐变小,血浆又逐渐变清。故 LPL 被称为廓清因子。CM 残体最后被肝细胞摄取代谢。CM 的主要生理功能是转运外源性三酰甘油。

2. 极低密度脂蛋白(VLDL) VLDL 主要由肝细胞合成和分泌。VLDL 含有较多的三酰甘油,这些三酰甘油是肝细胞利用体内材料合成,故称为内源性三酰甘油。同 CM 类似,在 LPL 作用下,VLDL 颗粒逐渐变小,水解产物甘油和脂肪酸被组织细胞摄取利用。VLDL 的生理功能是把肝合成的内源性三酰甘油转运至肝外组织。

3. 低密度脂蛋白(LDL) LDL 是在血液中由 VLDL 代谢转变生成的。LDL 与组织细胞膜上的 LDL 受体结合进入细胞代谢。LDL 的生理功能是把肝内胆固醇转运到肝外组织。血中 LDL 的浓度与动脉粥样硬化的发生呈正相关。

4. 高密度脂蛋白(HDL) HDL 主要在肝脏合成,其次在小肠黏膜合成。新生成的 HDL 为圆盘状,可从周围组织、CM、VLDL 等中不断得到游离胆固醇,并酯化为胆固醇酯,胆固醇酯进入 HDL 内核,最终形成球状的成熟 HDL。HDL 的主要生理功能是参与胆固醇的逆向转运,即将肝外组织的胆固醇转运到肝脏。HDL 能促进肝外组织胆固醇的清除,血中 HDL 的浓度与动脉粥样硬化的发生呈负相关。

知识链接

高脂血症

高脂血症(hyperlipidemia)是指血脂水平高于正常范围的上限,主要是胆固醇(Ch)或三酰甘油(TG)的浓度异常升高。由于血脂在血浆中以血浆脂蛋白形式运输,所以高脂血症实际就是高脂蛋白血症(hyperlipoproteinemia, HLP)。一般以成人空腹 12~14 h,血液中 TG>2.26 mmol/L(200 mg/dL),Ch >6.21 mmol/L(240 mg/dL),儿童 Ch>4.14 mmol/L(160 mg/dL)为标准。世界卫生组织建议将高脂蛋白血症分为I至V五型,其中II型又分为IIa 和IIb。

第三节　三酰甘油的代谢

一、三酰甘油的分解代谢

（一）三酰甘油的水解

三酰甘油在各种脂肪酶的催化下水解为甘油和脂肪酸。脂肪组织中的脂肪酶包括三酰甘油脂肪酶、二酰甘油脂肪酶和单酰甘油脂肪酶,其中三酰甘油脂肪酶是水解过程的限速酶,它的活性受多种激素的调节,故称激素敏感性脂肪酶(hormone-sensitive lipase,HSL)。

$$三酰甘油 \xrightarrow[三酰甘油脂肪酶]{H_2O \quad 脂肪酸} 二酰甘油 \xrightarrow[二酰甘油脂肪酶]{H_2O \quad 脂肪酸} 单酰甘油 \xrightarrow[单酰甘油脂肪酶]{H_2O \quad 脂肪酸} 甘油$$

肾上腺素、去甲肾上腺素、胰高血糖素、糖皮质激素、促肾上腺皮质激素(ACTH)等能提高 HSL 活性,促进脂肪水解,称为脂解激素;而胰岛素等能降低 HSL 活性,抑制脂肪水解,称为抗脂解激素。三酰甘油大量储存于脂肪组织内,脂肪组织中的三酰甘油在脂肪酶催化下水解为甘油和脂肪酸,释放入血,供其他组织利用的过程称为脂肪动员。

（二）甘油的代谢

甘油代谢首先是在甘油激酶的催化下形成 α-磷酸甘油,脂肪组织、肌肉组织中此酶的活性极低,所以脂肪组织和肌肉组织不能直接利用甘油。甘油通过血液运输到肝,磷酸化为 α-磷酸甘油,再氧化为磷酸二羟丙酮,可进入糖分解代谢途径或进行糖异生。

（三）脂肪酸的氧化

除成熟红细胞和脑组织外,其他组织均能氧化脂肪酸,但以肝和肌肉组织最为活跃。脂肪酸的氧化可分为四个阶段。

1. 脂肪酸的活化　脂肪酸的活化在胞质中进行,内质网和线粒体外膜上存在脂酰 CoA 合成酶。在 ATP、CoA、Mg^{2+} 存在下,催化脂肪酸生成脂酰 CoA。

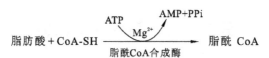

反应过程中生成的焦磷酸(PPi)立即被细胞内的焦磷酸酶水解为2分子磷酸,阻止了逆向反应的进行。1分子脂肪酸活化实际上消耗了2个高能磷酸键,相当于消耗2分子ATP。

2. 脂酰CoA进入线粒体　脂酰CoA不能直接通过线粒体内膜,需要肉碱(肉毒碱)协助才能转运至线粒体(图8-3)。脂酰CoA的脂酰基借助线粒体内膜上肉碱的携带而被转运至线粒体基质,重新与CoA-SH结合为脂酰CoA。此过程限制脂肪酸氧化的速度。

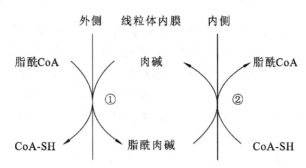

图8-3　脂酰CoA进入线粒体的机制

注　①肉碱脂酰转移酶Ⅰ;②肉碱脂酰转移酶Ⅱ。

3. 脂酰CoA的β-氧化　进入线粒体的脂酰CoA,在脂肪酸β-氧化酶系催化下,进行氧化分解。因氧化是在脂酰基的β-碳原子上发生的,故称β-氧化。每次β-氧化包括脱氢、加水、再脱氢、硫解四步反应,脂酰基从α-、β-碳原子之间断裂,生成1分子乙酰CoA和比原来少了2个碳原子的脂酰CoA(图8-4)。

一次β-氧化有两次脱氢反应,第一次脱氢反应由脂酰CoA脱氢酶催化,生成1分子烯脂酰CoA和1分子$FADH_2$。第二次脱氢反应由β-羟脂酰CoA脱氢酶催化,生成1分子β-酮脂酰CoA和1分子$NADH+H^+$。

4. 乙酰CoA彻底氧化　β-氧化产生的乙酰CoA进入三羧酸循环和氧化呼吸链彻底氧化分解为H_2O和CO_2。

脂肪酸氧化过程中释放的能量,一部分以热能形式散失,一部分以ATP形式储存,供机体生理活动的需要。软脂酸是十六碳饱和脂肪酸,在氧化分解过程中需进行7次β-氧化,产生7分子$FADH_2$和7分子$NADH+H^+$和8分子乙酰CoA。每分子$FADH_2$经呼吸链氧化为水,产生1.5分子ATP;1分子$NADH+H^+$经呼吸链氧化为水,产生2.5分子ATP;1分子乙酰CoA通过三羧酸循环和氧化呼吸链产生10分子ATP。因此,1分子软脂酸彻底氧化为水和二氧化碳,共生成$(7×1.5)+(7×2.5)+(8×10)=108$分子ATP,减去脂肪酸活化消耗的2分子ATP,净生成106分子ATP。

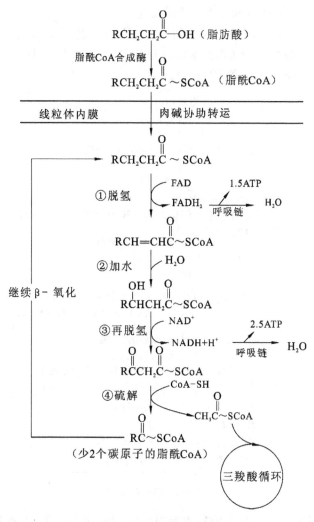

图 8-4 脂肪酸的 β-氧化

（四）酮体的生成与利用

1. 酮体的概念　酮体（ketone bodies）是脂肪酸在肝内氧化分解时产生的特有的中间产物，包括乙酰乙酸、β-羟丁酸和丙酮三种物质。在血液中 β-羟丁酸含量最多，约占酮体总量的 70%，乙酰乙酸约占 30%，丙酮含量极少。

2. 酮体的生成　肝细胞含有酮体生成酶系，肝内脂肪酸 β-氧化产生的乙酰 CoA 大部分缩合生成酮体。酮体的生成过程如下。

（1）2 分子乙酰 CoA 在乙酰乙酰 CoA 硫解酶的催化下缩合成乙酰乙酰 CoA，并释放 1 分子 CoA-SH。

（2）乙酰乙酰 CoA 在 β-羟-β-甲基戊二酸单酰 CoA 合成酶（HMG CoA 合成酶）催化下，再与 1 分子乙酰 CoA 缩合生成 β-羟-β-甲基戊二酸单酰 CoA（HMG CoA）。

HMG CoA 合成酶是酮体合成过程中的限速酶。

(3) HMG CoA 在 HMG CoA 裂解酶催化下，裂解生成 1 分子乙酰乙酸和 1 分子乙酰 CoA。乙酰乙酸在 β-羟丁酸脱氢酶的催化下，由 $NADH+H^+$ 供氢还原为 β-羟丁酸，少量乙酰乙酸脱羧生成丙酮(图 8-5)。

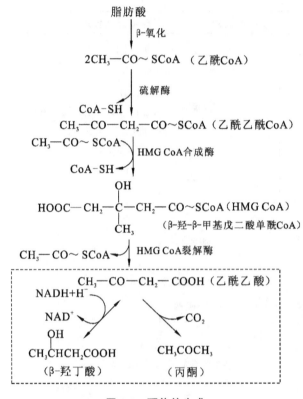

图 8-5　酮体的生成

3. 酮体的利用　酮体代谢的特点是"肝内生酮，肝外用"。肝脏缺少利用酮体的酶，而许多肝外组织(如肌肉、脑等)具有活性很强的利用酮体的酶。在这些组织中，乙酰乙酸可在乙酰乙酸硫激酶或琥珀酰 CoA 转硫酶催化下，转变为乙酰乙酰 CoA，然后在硫解酶催化下分解为 2 分子乙酰 CoA，进入三羧酸循环氧化。β-羟丁酸可在 β-羟丁酸脱氢酶催化下，生成乙酰乙酸，再经上述途径氧化(图 8-6)。正常情况下丙酮的量极微，可随尿液排出，也可经肺呼出。

4. 酮体生成的生理意义　酮体是肝输出的脂肪酸类能源物质，可作为脑和肌肉的重要能量来源。正常情况下大脑主要利用葡萄糖氧化供能，葡萄糖供能不足时，也利用酮体氧化供能。酮体可以看做是脂肪酸在肝内改造的产物，与脂肪酸相比酮体具有许多优点。酮体碳链短、极性大、水溶性好，可在血浆中独立运输，而脂肪酸一般需与清蛋白结合成复合物才能在血浆中运输。酮体可以通过血-脑脊液屏障，作为脑组织能源物质，而脂肪酸不能。

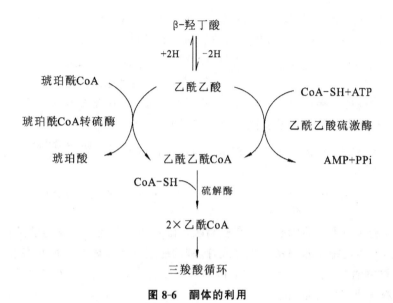

图 8-6 酮体的利用

正常人血液中酮体含量很少,为 $0.03\sim0.5$ mmol/L。在饥饿、糖尿病、低糖高脂膳食等情况下,脂肪动员加强,酮体产生增多。当超过肝外组织氧化利用酮体的能力时,就会出现血液中酮体含量过多,称为酮血症。如果尿中出现酮体,称为酮尿症。酮体主要是乙酰乙酸和 β-羟丁酸,两者都是酸性物质。酮体在血中增多可导致血液 pH 值下降,引起酮症酸中毒。丙酮具有挥发性,可由肺呼出,体内含量过高时,呼吸中有丙酮味(烂苹果味)。

二、三酰甘油的合成代谢

(一)三酰甘油合成的部位和原料

体内许多组织都能合成三酰甘油,但以肝和脂肪组织最为活跃。三酰甘油合成主要在细胞质进行,需要 α-磷酸甘油和脂酰 CoA 作为原料。

1. α-磷酸甘油的来源 体内 α-磷酸甘油的来源有两个。①来自糖代谢:糖代谢中间产物磷酸二羟丙酮还原生成 α-磷酸甘油,脂肪组织中的 α-磷酸甘油只能由这种方式生成。②细胞内甘油的再利用:甘油在甘油激酶催化下活化形成 α-磷酸甘油。肝脏中的 α-磷酸甘油可以来自以上两种方式。

2. 脂酰 CoA 的来源 脂酰 CoA 是脂肪酸活化的产物。脂肪酸可来自食物或脂肪动员,也可在体内以乙酰 CoA 等为原料合成。

(二)脂肪酸的生物合成

1. 合成部位 在肝、肾、脑、乳腺及脂肪组织等均含有脂肪酸合成酶系,能合成脂肪酸,其中以肝合成脂肪酸能力最强。

2. 合成原料 乙酰 CoA 是合成脂肪酸的直接原料,主要来自糖的氧化分解;合成过程中需要的供氢体 NADPH＋H⁺,主要来自磷酸戊糖途径;此外还需要 ATP 提供能量。

3. 合成途径 原料中大部分的乙酰CoA要在乙酰CoA羧化酶催化下转变为丙二酸单酰CoA。乙酰CoA羧化酶是脂肪酸生物合成过程中的限速酶。

$$CH_3CO{\sim}SCoA+HCO_3^-+ATP \xrightarrow[\text{生物素、Mg}^{2+}]{\text{乙酰CoA羧化酶}} HOOCCH_2CO{\sim}SCoA+ADP+Pi$$
$$\text{乙酰CoA} \qquad\qquad\qquad\qquad\qquad\qquad\qquad \text{丙二酸单酰CoA}$$

脂肪酸合成的直接产物是软脂酸。7分子丙二酸单酰CoA和1分子乙酰CoA在脂肪酸合成酶系催化下合成软脂酸。总反应式如下。

$$CH_3CO{\sim}SCoA+7\ HOOCCH_2CO{\sim}SCoA+14\ NADPH+14\ H^+ \xrightarrow{\text{脂肪酸合成酶系}}$$
$$\text{乙酰CoA} \qquad\qquad \text{丙二酸单酰CoA}$$

$$CH_3(CH_2)_{14}COOH+6\ H_2O+7\ CO_2+8\ CoA\text{-}SH+14\ NADP^+$$
$$\text{软脂酸}$$

体内碳链长短不一的脂肪酸是在软脂酸基础上加工形成的。碳链的延长是在内质网或线粒体上通过特殊的酶系催化完成,碳链的缩短在线粒体内通过β-氧化完成。

4. 三酰甘油的合成 在细胞内质网中的脂酰转移酶催化下,以α-磷酸甘油和脂酰CoA为原料合成三酰甘油(图8-7)。

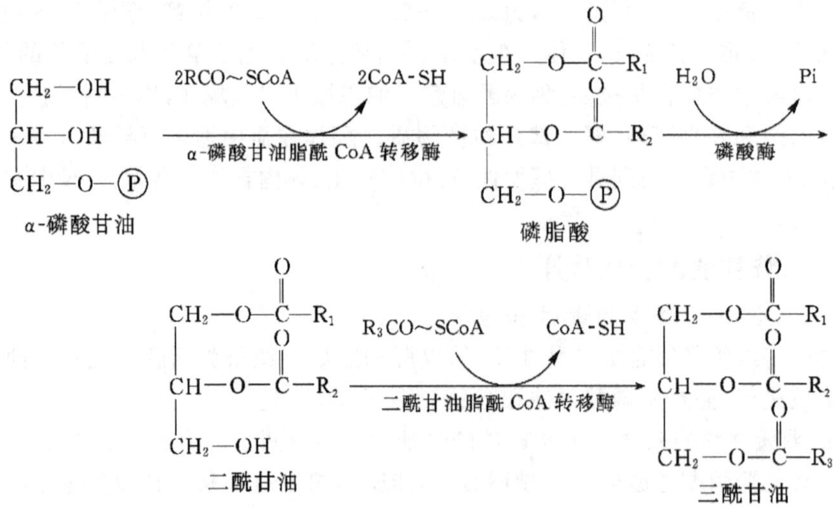

图8-7 三酰甘油的合成

第四节 磷脂的代谢

磷脂是指含有磷酸的脂类物质,按其组成可分为两大类。一类是由甘油构成的磷脂,称为甘油磷脂;另一类是由鞘氨醇(神经氨基醇)构成的磷脂,称为鞘磷脂(神经磷脂)。本节只介绍甘油磷脂的代谢。

一、甘油磷脂的合成

（一）合成部位

人体内各组织细胞的内质网均含有合成磷脂的酶系,因此都能合成甘油磷脂,但以肝、肾、肠等组织最活跃。

（二）合成原料

合成甘油磷脂的原料有二酰甘油、胆碱、胆胺（乙醇胺）等,另外还需要 ATP 和 CTP。二酰甘油主要来自磷脂酸,磷脂酸是最简单的甘油磷脂,主要由糖代谢提供。胆碱和胆胺可以由食物供给,也可在体内由丝氨酸脱羧生成胆胺,再由 S-腺苷蛋氨酸提供甲基生成胆碱。

（三）合成过程

胆胺和胆碱分别在其激酶催化下,生成磷酸胆胺和磷酸胆碱。磷酸胆胺和磷酸胆碱与 CTP 作用生成胞苷二磷酸胆胺（CDP-胆胺）和胞苷二磷酸胆碱（CDP-胆碱）。CDP-胆胺和 CDP-胆碱再与二酰甘油作用,生成脑磷脂和卵磷脂（图 8-8）。

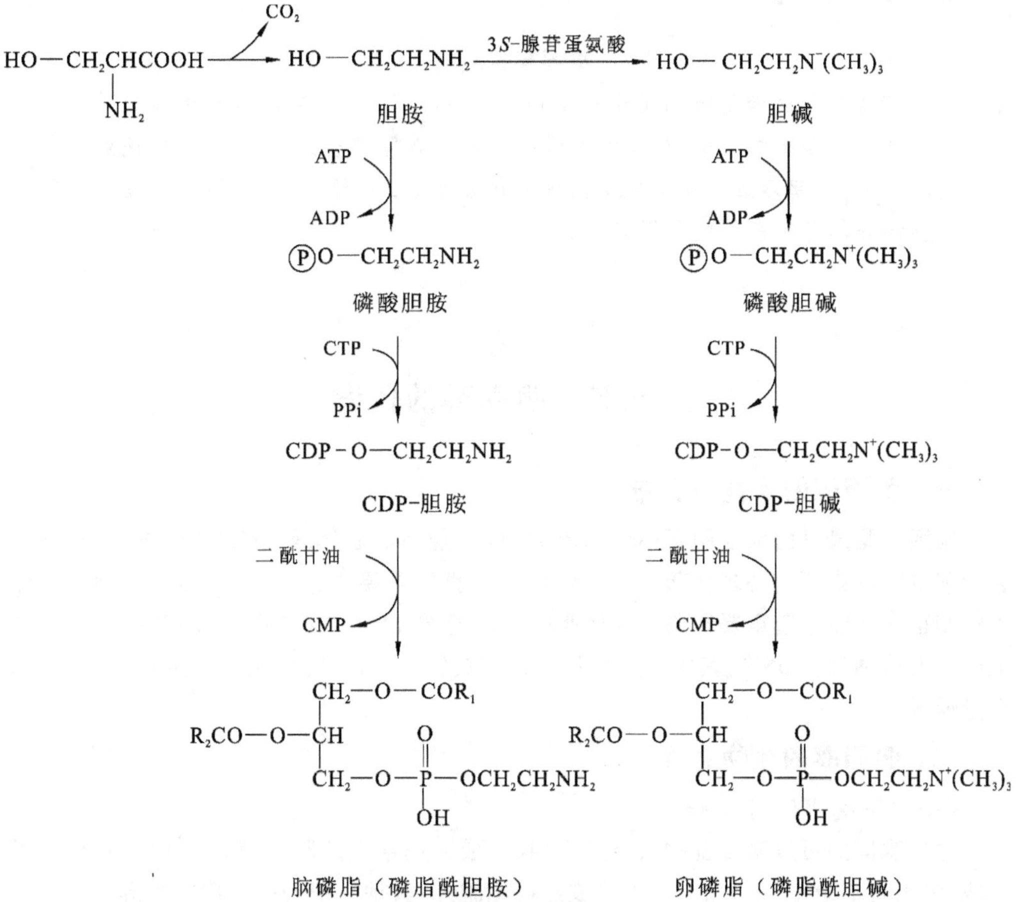

图 8-8 脑磷脂和卵磷脂的合成

二、甘油磷脂的分解

体内的甘油磷脂在多种磷脂酶的作用下,水解产生甘油、脂肪酸、磷酸、胆胺、胆碱等物质。磷脂酶 A_1、A_2、C、D 分别作用于甘油磷脂的不同酯键(图 8-9)。

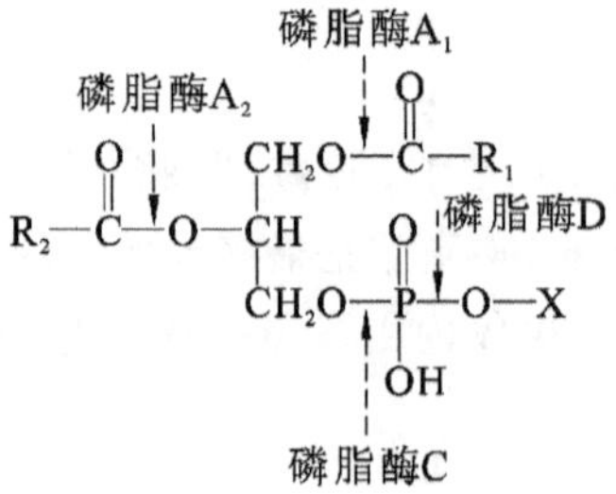

图 8-9　磷脂酶作用示意图

知识链接

蛇毒与磷脂酶

蛇毒中含有磷脂酶 A_2(phospholipase A_2,PLA_2),它能水解磷脂分子中甘油第 2 位碳上的酯键,生成溶血磷脂。溶血磷脂是极强的去垢剂,能使红细胞膜破裂,引起溶血。蛇伤中毒出现的肺出血、心室纤维颤动、强直收缩和呼吸抑制等均与磷脂酶的作用有关。

第五节　胆固醇的代谢

一、胆固醇的含量与分布

胆固醇是最早由动物胆石中分离出的、具有羟基的固体醇类化合物,故称胆固醇。它的基本结构是环戊烷多氢菲。胆固醇是生物膜的重要成分之一,在维持生物膜的流动性和正常功能中起重要作用。人体胆固醇总量约 140 g,在体内的分布极不均衡,肾上腺含量最高(约 10%),其次为脑和神经组织(约 2%),肌肉组织中含量较低,骨组织含量最低。

二、胆固醇的生物合成

(一)合成部位与原料

体内胆固醇可以来自食物,也可以自身合成。正常人的胆固醇 50% 以上来自自身合成,每天合成量 1~1.5 g。成人除成熟红细胞外,其他组织均能合成胆固醇,其中,以肝脏合成能力最强,占总合成量的 70%~80%;其次是小肠,合成量约占总合成量的 10%。

胆固醇的合成的主要原料是乙酰 CoA，另外需要 NADPH 提供氢，ATP 提供能量。

（二）合成过程

胆固醇合成在胞质和内质网中进行，包括近 30 步反应，可分为三个阶段（图 8-10）。

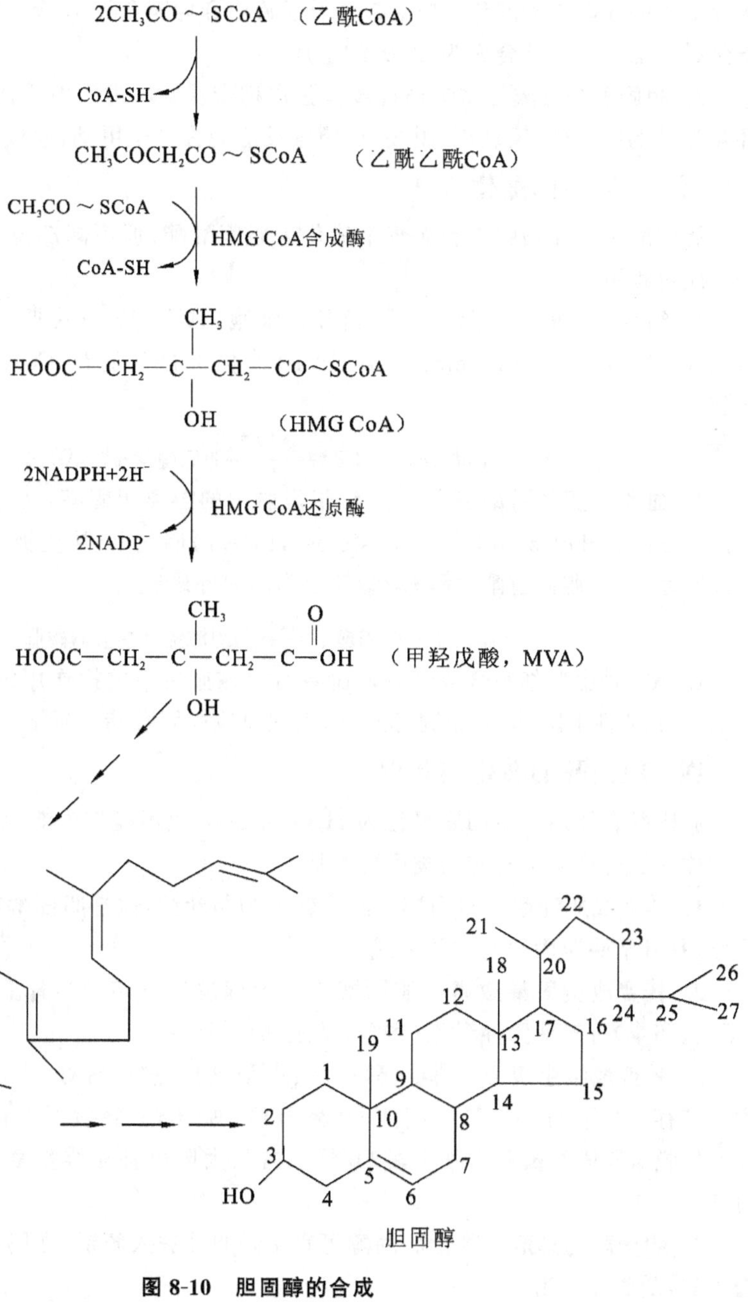

$$2CH_3CO \sim SCoA \quad （乙酰CoA）$$

CoA-SH

$$CH_3COCH_2CO \sim SCoA \quad （乙酰乙酰CoA）$$

$CH_3CO \sim SCoA$

CoA-SH HMG CoA合成酶

$$\underset{OH}{HOOC-CH_2-\overset{\overset{\displaystyle CH_3}{|}}{C}-CH_2-CO \sim SCoA} \quad （HMG CoA）$$

$2NADPH+2H^-$

HMG CoA还原酶

$2NADP^-$

$$\underset{OH}{HOOC-CH_2-\overset{\overset{\displaystyle CH_3}{|}}{C}-CH_2-\overset{\overset{\displaystyle O}{\|}}{C}-OH} \quad （甲羟戊酸，MVA）$$

鲨烯 → → → 胆固醇

图 8-10 胆固醇的合成

1. 甲羟戊酸的生成　与肝细胞线粒体中酮体生成类似,在胞质中 3 分子乙酰 CoA 缩合为羟甲基戊二酸单酰 CoA(HMG CoA)。与酮体生成不同,HMG CoA 在内质网膜 HMG CoA 还原酶的催化下,由 NADPH 供氢还原为甲羟戊酸(mevalonic acid, MVA)。HMG CoA 还原酶是胆固醇合成的限速酶。

2. 鲨烯的生成　MVA 在胞质中通过一系列酶的催化,经磷酸化、脱羧、脱羟基后生成活泼的 5 碳焦磷酸化合物。3 分子五碳化合物缩合为 15 碳的焦磷酸法尼酯。2 分子焦磷酸法尼酯再缩合成为 30 碳的鲨烯。

3. 胆固醇的合成　鲨烯通过载体蛋白携带从胞质进入内质网,在多种酶的催化下环化为羊毛脂固醇,经氧化、脱羧、还原等反应脱去 3 个甲基,生成 27 碳的胆固醇。

三、胆固醇的酯化

胆固醇可以在细胞内和血浆中酯化为胆固醇酯,但不同部位催化胆固醇酯化的酶和反应过程不同。

1. 细胞内胆固醇的酯化　胆固醇在细胞内的脂酰 CoA-胆固醇脂酰转移酶(acyl CoA-cholesterol acyltransferase,ACAT)催化下接受脂酰 CoA 的脂酰基形成胆固醇酯。

$$脂酰 CoA + 胆固醇 \xrightarrow{ACAT} 胆固醇酯 + CoA\text{-}SH$$

2. 血浆中胆固醇的酯化　血浆脂蛋白中的游离胆固醇,在卵磷脂-胆固醇脂酰转移酶(lecithin-cholesterol acyltransferase,LCAT)催化下,接受卵磷脂第 2 位碳原子上的脂酰基,生成胆固醇酯,而卵磷脂转变为溶血卵磷脂。

$$卵磷脂 + 胆固醇 \xrightarrow{LCAT} 胆固醇酯 + 溶血卵磷脂$$

LCAT 是由肝细胞合成释放入血液后再在血浆中发挥作用的。肝功能受损时,血浆 LCAT 活性下降,影响胆固醇酯化,引起血浆胆固醇酯含量下降。

四、胆固醇的转化与排泄

胆固醇在体内不能彻底氧化为 H_2O 和 CO_2,也不能作为能源物质提供能量。胆固醇在体内通过代谢可转变为类固醇物质。

1. 转变成胆汁酸　胆固醇在肝中转变为胆汁酸,这是胆固醇在体内代谢的最主要去路,是肝清除胆固醇的主要方式。

2. 转变成类固醇激素　胆固醇在肾上腺皮质可转变为肾上腺皮质激素,在性腺(睾丸、卵巢)可转变为性激素(睾酮、孕酮、雌激素等)。

3. 转变成维生素 D_3　胆固醇在肝、小肠黏膜、皮肤等处,可脱氢生成 7-脱氢胆固醇。储于皮下的 7-脱氢胆固醇,在紫外线(如日光)照射下可进一步转变为维生素 D_3。7-脱氢胆固醇被称为维生素 D_3 原。常晒太阳可补充维生素 D_3,预防佝偻病和软骨病。

4. 胆固醇的排泄　部分胆固醇可直接随胆汁进入肠道,在肠道细菌作用下转变为粪固醇,随粪便排出。

脂类是脂肪和类脂的总称。脂肪（三酰甘油）的主要功能是储能和供能。类脂包括磷脂、糖脂、胆固醇和胆固醇酯，它们是构成生物膜的基本成分。脂类都是强疏水性物质，需要形成血浆脂蛋白或脂肪酸-清蛋白复合物才能在血液中运输。按电泳法和超速离心法将血浆脂蛋白各分成四类，超速离心法更为常用。LDL 和 HDL 分别负责胆固醇的正向、逆向运输，与动脉粥样硬化的发生有关。LDL/HDL 比值增大，动脉粥样硬化发生危险概率增加。脂肪组织的脂肪分解利用称为脂肪动员，动员的产物脂肪酸在肝外组织可彻底氧化分解为水和二氧化碳，在肝内除少部分彻底氧化外，大部分生成酮体。酮体可作为肝外组织（尤其是脑和肌肉）的能源物质，但肝脏缺少氧化酮体的酶，不能利用酮体。脂肪合成的原料是 α-磷酸甘油和脂酰 CoA，α-磷酸甘油可以来自糖代谢或甘油的活化，脂酰 CoA 来自脂肪酸的活化。脂肪酸可以来自食物、体内脂肪分解和脂肪酸的生物合成。乙酰 CoA 是酮体、脂肪酸和胆固醇合成的重要原料，肝和小肠是脂肪、磷脂和胆固醇合成的重要部位。胆固醇在体内不能彻底氧化分解，只能转化为类固醇物质，如胆汁酸、类固醇激素等。

 能力检测

一、名词解释

1. 脂肪动员　2. 酮体　3. 血浆脂蛋白

二、填空题

1. 脂类是_____和_____的总称。

2. 血脂包括_____、_____、_____、_____和_____。它们在血液中的运输形式有_____和_____两种。

3. 血浆脂蛋白按密度分类法（超速离心法）可分为_____、_____、_____和_____四类。

4. 脂肪酸 β-氧化包括_____、_____、_____、_____四步反应，每次 β-氧化脱下_____对氢，产生 1 分子_____和比原来少 2 个碳原子的_____。

5. 酮体包括_____、_____和_____三种物质。

6. 三酰甘油合成的原料是_____和_____。

7. 胆固醇在体内能转化为_____、_____和_____等物质。

三、单项选择题

1. 空腹时血浆中的最主要脂蛋白是（　　　）。

A. CM　　　　　B. VLDL　　　　　C. IDL　　　　　D. LDL　　　　　E. HDL

2. 浓度升高易引起动脉粥样硬化的脂蛋白是（　　）。

A. CM 　　　B. VLDL 　　　C. IDL 　　　D. LDL 　　　E. HDL

3. 能把三酰甘油从肝转运到肝外组织的脂蛋白是（　　）。

A. CM 　　　B. VLDL 　　　C. IDL 　　　D. LDL 　　　E. HDL

4. 脂肪动员的限速酶是（　　）。

A. 三酰甘油脂肪酶　　　　　　　B. 二酰甘油脂肪酶

C. 单酰甘油脂肪酶　　　　　　　D. 脂蛋白脂肪酶

E. 胰脂肪酶

5. 脂肪酸氧化时协助脂酰 CoA 进入线粒体的物质是（　　）。

A. 辅酶 A　　　B. ATP　　　C. 肉毒碱　　　D. 葡萄糖　　　E. 丙酮酸

6. 软脂酸彻底氧化为水和二氧化碳，净产生的 ATP 的数目为（　　）。

A. 10　　　B. 30　　　C. 32　　　D. 106　　　E. 108

7. 能产生酮体的器官是（　　）。

A. 肝　　　B. 肾　　　C. 心　　　D. 脑　　　E. 肌肉

8. 不能利用酮体的器官是（　　）。

A. 肝　　　B. 肾　　　C. 心　　　D. 脑　　　E. 肌肉

9. 以下哪个物质不是酮体？（　　）

A. 乙酰乙酸　　　B. β-羟丁酸　　　C. 乳酸　　　D. 丙酮　　　E. 以上均是

10. 乙酰 CoA 不是以下哪个物质生物合成的原料？（　　）

A. 脂肪酸　　　B. 酮体　　　C. 胆固醇　　　D. 丙酮酸　　　E. 以上均不是

11. 胆固醇不能转化为哪些物质？（　　）

A. 胆汁酸　　　　　　B. 维生素 D_3　　　　　　C. 肾上腺皮质激素

D. 性激素　　　　　　E. 二氧化碳和水

四、简答题

1. 血浆脂蛋白如何分类，各种血浆脂蛋白有何生理功能？

2. 简述酮体的概念、生成器官、原料和生理意义。

3. 胆固醇在体内可转变为哪些物质？

4. 试说明糖尿病引起酮症酸中毒的机制。

（邢台医学高等专科学校　　王晓凌）

第九章　氨基酸代谢

掌握　氮平衡的类型和意义;各种脱氨基作用的方式和意义;氨的来源、去路和转运方式;尿素合成的生理意义

熟悉　必需氨基酸的种类;蛋白质互补作用的概念;氨基酸代谢的概况;α-酮酸的代谢;氨基酸脱羧产物的作用;一碳单位代谢的生理意义

了解　尿素合成的过程;蛋(甲硫)氨酸代谢;芳香族氨基酸代谢

由于蛋白质是生命活动的基础,蛋白质的基本单位是氨基酸,所以氨基酸代谢是蛋白质代谢的中心内容。体内蛋白质不断的自我更新,处在合成与分解的动态平衡中,同样氨基酸代谢也包括合成代谢与分解代谢两方面,本章重点讨论氨基酸的分解代谢。在体内,氨基酸的分解需要食物蛋白质来补充,组织蛋白的更新也需要食物蛋白质来维持,因此,在讨论氨基酸分解代谢之前,首先讲述蛋白质的营养作用。

第一节　蛋白质的营养作用

一、蛋白质的生理功能

蛋白质是生物体的基本成分,是生命活动的物质基础。体内蛋白质具有多方面的重要的生理功能。

1. 维持细胞组织的生长、更新和修补　蛋白质是组织细胞的主要成分。因此,参与构成各种细胞组织是蛋白质最重要的功能,蛋白质的这种生理作用是糖和脂类不能取代的。机体只有不断从膳食中摄取足量的优质蛋白质,才能维持个体的生长、组织细胞的更新和修补。蛋白质对于处在生长发育时期的儿童、妊娠期妇女及康复期患者尤为重要。

2. 参与体内多种重要的生理活动　体内有许多特殊功能的蛋白质,具有催化、代谢调节、免疫和防御、物质运输、收缩运动等多种特殊功能。此外,有些氨基酸在体内还可产生胺类、神经递质、嘌呤和嘧啶等具有重要生理功能的含氮化合物。

3. 氧化供给机体能量　每克蛋白质在体内氧化分解可产生 17.19 kJ(4.1 kcal)的能量。一般来说,成人每日约有 18% 的能量从蛋白质获得,供给能量是蛋白质的次要功能。在严重缺乏糖和脂肪的情况下,机体可以利用自身的蛋白质的分解供能,这对自身的组织是一个严重消耗和破坏。

二、氮平衡

人体摄取的含氮物质主要是蛋白质,蛋白质经消化分解产生的含氮废物经排泄器官排出体外。通过测定每日食物中氮的摄入量和测定尿液、粪便代谢废物中的氮的排出量,就可反映人体蛋白质的代谢概况,这种机体摄入氮量与同期内排出氮量之间的关系即为氮平衡(nitrogen balance)。依据机体状况不同,氮平衡可出现三种情况。

(一)氮的总平衡

氮的总平衡指每天摄入氮量等于排出氮量,说明蛋白质的合成和分解处于平衡状态,即"收支"平衡。营养正常的成年人蛋白质的代谢情况属此类型。

(二)氮的正平衡

氮的正平衡指每天摄入氮量多于排出氮量,说明摄入的氮要用于体内蛋白质的合成,蛋白质的合成代谢多于分解代谢。儿童、孕妇及恢复期患者属于该类型,因此,儿童、孕妇及恢复期患者要摄取丰富和优质的膳食蛋白质。

(三)氮的负平衡

氮的负平衡指每天摄入氮量少于排出氮量,说明体内蛋白质合成代谢少于分解代谢。营养不良、出血、严重烧伤或消耗性疾病患者属此类型,这类患者体内过多的蛋白质分解,形成自体消耗,应该加强对他们的蛋白质营养护理,有利于疾病的治疗和恢复。

三、蛋白质的需要量

根据氮平衡实验,一个成人在不进食蛋白质时,每日要分解 20 g 蛋白质。由于食物蛋白质的质量差异、人的个体差异,以及消化吸收等因素,在供给食物蛋白质时,必须超过 20 g/d,故成人最低需要蛋白质 30～50 g/d 才能维持机体的总氮平衡。为了保证机体处于最佳功能状态,我国营养学会推荐蛋白质的需要量为 80 g/d。

四、蛋白质的营养价值

(一)必需氨基酸与非必需氨基酸

机体需要但自身不能合成,必须从食物中获取的氨基酸称为营养必需氨基酸。组成人体蛋白质的 20 种编码氨基酸中,其中有 8 种属于营养必需氨基酸。它们是苏氨酸、苯丙氨酸、蛋氨酸、赖氨酸、色氨酸、亮氨酸、异亮氨酸、缬氨酸。其余 12 种体内能够合成,称为非必需氨基酸。组氨酸和精氨酸虽能在人体合成,但合成量少,不能满足机体的生理需要,长期缺乏也会引起氮的负平衡,故有人将这两种氨基酸也归为营养必需氨基酸。

知识链接

巧记必需氨基酸

8 种营养必需氨基酸较难记忆,可以用如下口诀巧妙记忆:

"笨蛋来宿舍,晾一晾鞋"

笨(苯丙氨酸)蛋(蛋氨酸)来(赖氨酸)宿(苏氨酸)舍(色氨酸),晾(亮氨酸)一晾(异亮氨酸)鞋(缬氨酸)

蛋白质的营养价值是指食物蛋白质在体内的利用率。食物蛋白质营养价值的高低取决于其所含必需氨基酸的种类、数量和比例，凡是含必需氨基酸种类和数量多，且比例和人体接近的蛋白质营养价值高；反之，营养价值低。由于动物性蛋白质所含必需氨基酸的种类和比例与人体所需接近，所以一般动物性蛋白质的营养价值高于植物性蛋白质。

（二）蛋白质的互补作用

将几种营养价值较低的蛋白质混合食用，若干必需氨基酸可以相互补充，从而提高蛋白质营养价值，这种作用称为蛋白质的互补作用。蛋白质互补作用的实质是必需氨基酸之间的互补，例如，豆类蛋白质含赖氨酸多、色氨酸少，而谷类蛋白质则含赖氨酸少、色氨酸多，两者混合食用可提高其营养价值。膳食的多样化是利用蛋白质的互补作用以提高食物蛋白质营养价值的良好措施。

知识链接

高蛋白食品

含蛋白质多的食物包括：牲畜的奶，如牛奶、羊奶、马奶等；畜肉，如牛肉、羊肉、猪肉、狗肉等；禽肉，如鸡肉、鸭肉、鹅肉、鹌鹑肉、鸵鸟肉等；蛋类，如鸡蛋、鸭蛋、鹌鹑蛋等及水产品，如鱼、虾、蟹等；还有大豆类，包括黄豆、大青豆和黑豆等，其中以黄豆的营养价值最高，此外如芝麻、瓜子、核桃、杏仁、松子等干果类的蛋白质的含量均较高。

第二节　氨基酸的一般代谢

食物蛋白质经消化吸收的氨基酸与体内组织蛋白质降解产生的氨基酸，以及体内合成的非必需氨基酸混在一起，分布于体内各处，参与代谢，称为氨基酸代谢库。

食物蛋白质消化吸收的氨基酸称为外源性氨基酸，组织蛋白质降解产生的氨基酸与体内合成的非必需氨基酸称为内源性氨基酸。正常生理条件下，氨基酸代谢库内氨基酸的来源和去路处于动态平衡中。体内氨基酸代谢的概况见图9-1。

生物体体内氨基酸的主要作用是合成蛋白质、多肽或其他含氮化合物。但多余的氨基酸需要被降解，正常人尿液中排出氨基酸极少。天然氨基酸分子有共同的结构特征，都含有 α-氨基和 α-羧基，所以大多氨基酸有其共同的一般代谢途径。但个别氨基酸由于其特殊的侧链结构也有特殊的代谢途径。本节主要介绍氨基酸的一般代谢——脱氨基作用，这是氨基酸分解的主要方式。

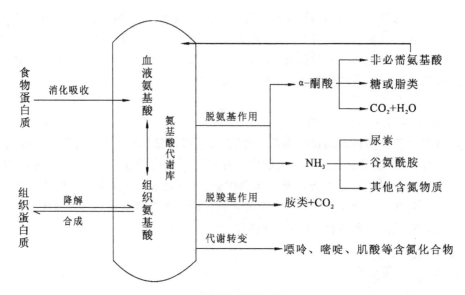

图 9-1　氨基酸代谢的概况

一、氨基酸的脱氨基作用

α-氨基酸分子上的氨基被脱去生成 α-酮酸和氨的反应过程,称为氨基酸脱氨基作用。脱氨基作用的方式主要有三种:氧化脱氨基、转氨基和联合脱氨基。其中联合脱氨基作用为主要方式。

(一)氧化脱氨基作用

氧化脱氨基作用是指在酶催化下进行的、伴有氧化反应的脱氨基作用。L-谷氨酸是哺乳动物组织中唯一能以相当高的速率进行氧化脱氨基反应的氨基酸,L-谷氨酸脱氢酶(L-glutamate dehydrogenase)催化 L-谷氨酸完成氧化脱氨基。L-谷氨酸脱氢酶在肝、脑、肾等组织普遍存在,活性高,专一性强,它是一种不需氧脱氢酶,辅酶是 NAD^+ 或 $NADP^+$,反应如下。

$$
\begin{array}{ccc}
\underset{\text{L-谷氨酸}}{\overset{\displaystyle \overset{NH_2}{|}}{\underset{(CH_2)_2-COOH}{\overset{CH-COOH}{|}}}}
&
\xrightarrow[\underset{NAD^+ \quad NADH+H^+}{}]{\text{L-谷氨酸脱氢酶}}
&
\underset{\text{亚谷氨酸}}{\overset{\displaystyle \overset{NH}{\|}}{\underset{(CH_2)_2-COOH}{\overset{C-COOH}{|}}}}
\quad \underset{-H_2O}{\overset{+H_2O}{\rightleftharpoons}} \quad
\underset{\text{α-酮戊二酸}}{\overset{\displaystyle \overset{O}{\|}}{\underset{(CH_2)_2-COOH}{\overset{C-COOH}{|}}}}
\quad + NH_3
\end{array}
$$

反应分两步进行,第一步为酶促反应,产物为亚谷氨酸;第二步自发进行加水反应,脱下的氨基进一步代谢后排出体外。该反应可逆,故 L-谷氨酸脱氢酶催化的反应在物质代谢的联系上有重要意义。但由于 L-谷氨酸脱氢酶在心肌和骨骼肌中活性很低,以及酶的特异性较强,使这种脱氨基方式具有范围和空间的局限性,不可能作为脱氨基的主要方式。

（二）转氨基作用

转氨基作用是指 α-氨基酸在转氨酶（aminotransferase）催化下将氨基转移到另一 α-酮酸的酮基上的过程。通过转氨基作用使原来的氨基酸生成相应的 α-酮酸，原来的 α-酮酸生成相应的氨基酸。

体内转氨酶种类多，分布广，其中以丙氨酸氨基转移酶（alanine aminotransferase, ALT）和天冬氨酸氨基转移酶（aspartate aminotransferase, AST）最重要，它们催化的反应如下。

谷氨酸　　　丙酮酸　　　α-酮戊二酸　　　丙氨酸

谷氨酸　　　草酰乙酸　　　α-酮戊二酸　　　天冬氨酸

转氨酶主要存在于细胞内，ALT 和 AST 在各组织器官中的活性很不均衡，正常人 ALT 在肝细胞中活性最高，AST 在心肌细胞中活性最高，两者在血清中活性很低。当某种原因使细胞膜通透性增大或细胞膜破损时，转氨酶可大量释放入血，导致血清转氨酶活性显著升高。例如，急性肝炎时，血清 ALT 显著升高。心肌梗死时，血清 AST 明显升高。临床上测定血清中 ALT 和 AST 可作为疾病诊断和预后的指标之一（见表 9-1）。

表 9-1　正常成人各组织 ALT 及 AST 活性　　　　　　　单位/克湿组织

组　　织	AST	ALT	组　　织	AST	ALT
心	156000	7100	胰腺	28000	2000
肝	142000	44000	脾	14000	1200
肺	10000	700	骨骼肌	99000	4800
肾	91000	19000	血清	20	16

转氨酶的辅酶是维生素 B_6 的磷酸酯,即磷酸吡哆醛。在转氨基过程中,磷酸吡哆醛先从氨基酸接受氨基转变成磷酸吡哆胺,再进一步将氨基转移给另一种 α-酮酸,生成相应的氨基酸,而磷酸吡哆胺本身又恢复成磷酸吡哆醛。通过磷酸吡哆醛和磷酸吡哆胺两种形式的互变起传递氨基的作用(图 9-2)。

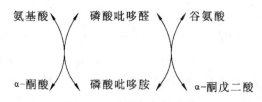

图 9-2　氨基传递过程

转氨基作用是体内合成非必需氨基酸的途径,通过转氨基作用可以调节体内非必需氨基酸的种类和数量,以满足体内蛋白质合成时对非必需氨基酸的需求。转氨基作用虽在体内普遍存在,但此种方式只有氨基的转移,氨基酸没有真正脱去氨基生成游离氨,一般认为,氨基酸的脱氨基主要是通过联合脱氨基作用实现的。

(三)联合脱氨基作用

由两种或两种以上的酶联合作用脱去氨基,并产生氨的过程称为联合脱氨基作用。这是组织细胞最主要的脱氨基方式,常见的联合脱氨基作用方式有以下两种。

1. 转氨基与氧化脱氨基作用的联合

氨基酸和 α-酮戊二酸在转氨酶的作用下生成相应的 α-酮酸和谷氨酸,再由 L-谷氨酸脱氢酶催化谷氨酸氧化脱氨基生成 α-酮戊二酸和氨(图 9-3)。

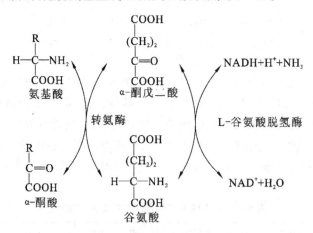

图 9-3　转氨基与氧化脱氨基作用的联合脱氨

由图 9-3 可见,氨的最终来源是开始参与转氨基作用的氨基酸,全过程需要转氨酶和 L-谷氨酸脱氢酶的联合作用。此种联合脱氨基作用的意义是,在肝、脑、肾等组织中 L-谷氨酸脱氢酶的活性较高,多种氨基酸可通过此种方式脱掉氨基。又由于此种联合脱氨基作用的全过程是可逆的,其逆反应是体内合成非必需氨基酸的主要途径。

2. 嘌呤核苷酸循环

在骨骼肌和心肌中 L-谷氨酸脱氢酶的活性较低,很难以上述联合脱氨基作用脱去氨基。骨骼肌和心肌中是通过嘌呤核苷酸循环(purine nucleotide cycle)脱去氨基的。其具体过程是,氨基酸首先通过连续的转氨基作用将氨基转移给草酰乙酸,生成天冬氨酸。天冬氨酸与次黄嘌呤核苷酸(IMP)反应生成腺苷酸代琥珀酸,后者再经裂解酶催化生成延胡索酸和腺苷酸(AMP),AMP 经腺苷酸脱氨酶催化脱去氨基又生成 IMP(图 9-4)。

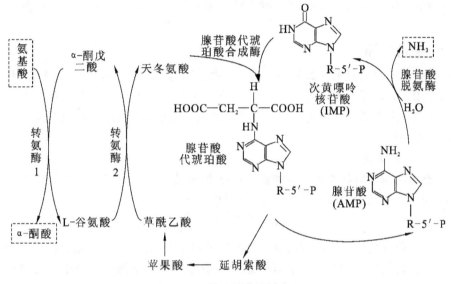

图 9-4　嘌呤核苷酸循环

二、α-酮酸代谢

由氨基酸脱氨基代谢产生的 α-酮酸在体内可以通过下列三条途径进行代谢。

(一)经氨基化生成非必需氨基酸

多种 α-酮酸可经转氨酶与 L-谷氨酸脱氢酶联合脱氨基作用的逆过程氨基化,生成新的非必需氨基酸。

(二)转变成糖及脂肪

根据 α-酮酸代谢后生成的糖和脂类产物不同,氨基酸可分为生糖氨基酸、生酮氨基酸和生糖兼生酮氨基酸三类(表 9-2)。氨基酸脱氨基后生成的 α-酮酸可沿糖异生途径生成糖的称生糖氨基酸;能转变成酮体的称生酮氨基酸;既能生成糖,又能生成酮体的称生糖兼生酮氨基酸。α-酮酸在糖、脂类和氨基酸代谢的相互联系中发挥着重要作用。

表 9-2　氨基酸与糖、脂类关系的分类表

类　别	氨　基　酸
生糖氨基酸	甘氨酸、丝氨酸、缬氨酸、组氨酸、精氨酸、半胱氨酸、脯氨酸、丙氨酸、谷氨酸、谷氨酰胺、天冬氨酸、天冬酰胺、蛋(甲硫)氨酸
生酮氨基酸	亮氨酸、赖氨酸
生糖兼生酮氨基酸	异亮氨酸、苯丙氨酸、酪氨酸、苏氨酸、色氨酸

（三）氧化供能

α-酮酸在体内可经三羧酸循环彻底氧化成 CO_2 和 H_2O，同时释放出能量供机体需要。

三、氨的代谢

机体各种来源的氨汇入血液形成血氨。氨具有毒性，浓度过高会引起中毒，脑组织对氨的作用尤为敏感。正常生理情况下，血氨水平在 $47\sim65\ \mu mol/L$ 之间。这是因为机体会迅速将生成的氨通过合成尿素等方式进行解毒并排泄，维持着氨在体内来源和去路的动态平衡。

（一）氨的来源

1. 氨基酸的脱氨基作用产生的氨　氨基酸的脱氨基作用产生的氨是体内氨的主要来源。另外，胺类分解也可以产生氨，其反应如下。

$$RCH_2NH_2 \xrightarrow{\text{胺氧化酶}} RCHO+NH_3$$

2. 肠道吸收的氨　肠道内的氨主要产生于两个方面：一是未消化的蛋白质经肠道细菌的腐败作用产生；二是血中尿素扩散入肠道经细菌尿素酶水解产生。肠道产氨的量较多，每日约 4 g。氨的吸收部位主要在结肠，NH_3 比 NH_4^+ 易于透过细胞膜而被吸收入血。NH_3 与 NH_4^+ 的互变与肠液 pH 值有关，酸性条件下，NH_3 与 H^+ 结合生成 NH_4^+ 不易被吸收；碱性条件下，NH_4^+ 可解离出 NH_3，NH_3 的吸收增强。临床上对高血氨患者常采用弱酸性透析液作结肠透析，而禁止用碱性肥皂液灌肠，就是为了减少氨的吸收。

3. 肾脏产生的氨　在肾远曲小管上皮细胞含有活性较高的谷氨酰胺酶，能催化谷氨酰胺水解产生氨和谷氨酸。酸性尿时，氨扩散入尿，与尿中 H^+ 结合生成 NH_4^+，以铵盐形式随尿排出；碱性尿时，氨被肾小管上皮细胞吸收入血，导致血氨升高。故临床上对因肝硬化腹腔积液的患者，不宜使用碱性利尿药，以防止血氨升高。

（二）氨的转运

有毒的氨要以安全的无毒形式运送到肝脏或肾脏，处理后排出体外。氨在血液中主要以丙氨酸或谷氨酰胺两种形式转运。

肌肉中首先将氨基酸上的氨基，经过转氨基作用转移给丙酮酸生成丙氨酸，丙氨酸经血液运输到肝脏，经联合脱氨基作用又生成丙酮酸，并释放氨，氨被用于合成尿素。

脑、肌肉等组织的氨以谷氨酰胺的形式运输至肝脏或肾脏。脑、肌肉等组织产生的

氨,在谷氨酰胺合成酶催化下合成无毒的谷氨酰胺,并由血液输送到肝脏或肾脏,再经谷氨酰胺酶水解为谷氨酸及氨。在肝脏,氨可合成尿素;在肾脏,肾小管分泌的氨扩散入尿结合 H^+,进一步形成铵盐,最终随尿排出。其反应如下。

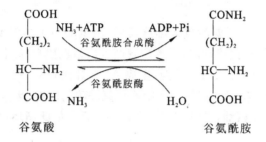

谷氨酸　　　　　　　　　　　谷氨酰胺

(三) 氨的去路

正常人体内 $80\%\sim90\%$ 的氨以尿素形式随尿排出,少量氨合成谷氨酰胺和参与嘌呤、嘧啶等含氮化合物的合成。

1. 尿素的生成　尿素主要在肝脏合成,通过肾脏排泄。动物实验证明,如将狗的肝脏切除,则血液及尿中尿素含量明显降低,而血氨浓度升高。急性肝坏死患者的血、尿中几乎不含尿素,这些情况都说明肝脏是合成尿素的最主要器官。1932 年,德国学者 H. Krebs 和 K. Henseleit 提出尿素合成的鸟氨酸循环(Ornithine cycle)学说,又称尿素循环或 Krebs-Henseleit 循环。

知识链接

鸟氨酸循环的证实

20 世纪 40 年代,利用同位素进一步证实尿素是通过鸟氨酸循环合成的。其中有两个重要的实验结果。

(1) 以含[15]N 的铵盐饲养大鼠,食入的[15]N 大部分以[15]N 尿素随尿排出。用含[15]N 的氨基酸饲养大鼠亦得到相同结果。这说明氨基酸的最终代谢产物是尿素,氨是氨基酸转变成尿素的中间物质之一。

(2) 用含[15]N 的氨基酸饲养大鼠,自肝提取的精氨酸含[15]N,再用提取的精氨酸与精氨酸酶一起保温,生成的尿素分子中,其两个氮原子都含[15]N,但鸟氨酸不含[15]N。

以上结果证实鸟氨酸循环是合成尿素的途径。

鸟氨酸循环包括鸟氨酸、瓜氨酸、精氨酸代琥珀酸、精氨酸等四种中间产物,循环包括以下四个阶段。

(1) 氨基甲酰磷酸的合成　在肝细胞的线粒体中,氨、CO_2 和 H_2O 在肝脏特有的氨基甲酰磷酸合成酶Ⅰ催化下,首先合成氨基甲酰磷酸,此反应消耗2分子ATP。

(2)瓜氨酸的生成 氨基甲酰磷酸在鸟氨酸氨基甲酰转移酶催化下与鸟氨酸缩合成瓜氨酸。瓜氨酸合成后,需经载体将其由线粒体转运至细胞质才能进行下述阶段的反应。

(3)精氨酸的生成 瓜氨酸进入细胞质后,瓜氨酸与天冬氨酸经精氨酸代琥珀酸合成酶催化,生成精氨酸代琥珀酸,后者裂解产生出精氨酸和延胡索酸。天冬氨酸起着供给氨基的作用。该反应由ATP供能,生成AMP和焦磷酸(PPi)。

(4)尿素的生成 精氨酸在细胞质中经精氨酸酶的水解,生成尿素和鸟氨酸,鸟氨酸再进入线粒体合成瓜氨酸,再参与下一次循环过程。如此循环往复,便能不断合成尿素(图9-5)。

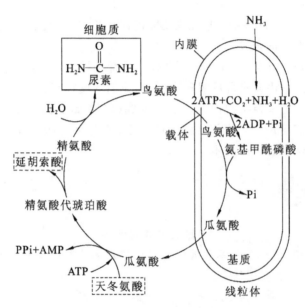

图9-5 尿素合成的中间步骤

鸟氨酸循环的总反应式为

$$2NH_3 + CO_2 + 3ATP + 3H_2O \longrightarrow H_2NCONH_2 + 2ADP + AMP + 2Pi + PPi$$

综上所述,每经一次鸟氨酸循环,可利用2分子NH_3(1分子来自于游离NH_3,1分子来自于天冬氨酸)和1分子CO_2合成1分子尿素。尿素合成是一个耗能过程,每合成1分子尿素就要消耗3分子ATP(4个高能磷酸键)。尿素合成的生理意义在于解除氨的毒性。

2. 合成谷氨酰胺 脑、肌肉等组织产生的氨,在谷氨酰胺合成酶催化下合成无毒的谷氨酰胺。谷氨酰胺合成的意义在于谷氨酰胺不仅可以参与蛋白质的生物合成,而且也是体内储氨、运氨,以及解除氨毒性的重要形式。临床上对高血氨引起肝性脑病的患者常服用或输入谷氨酸盐,以降低血氨。

3. 氨代谢的其他途径 氨可将α-酮酸氨基化为非必需氨基酸(如α-酮戊二酸、草酰乙酸、丙酮酸,可分别氨基化为谷氨酸、天冬氨酸和丙氨酸);氨还参与嘌呤、嘧啶等含氮化合物的合成。

(四)高氨血症和氨中毒

正常生理情况下,血氨的来源与去路处于动态平衡之中。肝脏合成尿素是维持这一平衡的关键。当肝功能严重损伤时,尿素合成障碍,血氨浓度升高,称为高氨血症。一般认为,大量氨进入脑组织后和脑中的 α-酮戊二酸结合成谷氨酸,谷氨酸又与氨进一步结合生成谷氨酰胺,这样虽然消耗了部分氨,但同时也消耗了脑细胞中大量的α-酮戊二酸,导致三羧酸循环减弱,从而使脑组织中 ATP 生成减少,引起大脑功能障碍,严重时可发生昏迷,这就是肝昏迷氨中毒学说的基础。

知识链接

乳果糖可以减少肠道氨的生成和吸收

乳果糖(lactulose,β-半乳糖果糖)是一种合成的双糖,口服后在小肠不会被分解 ,到达结肠后可被乳酸杆菌等细菌分解为乳酸、乙酸而降低肠道的 pH 值。肠道酸化后对产尿素酶的细菌生长不利,但有利于不产尿素酶的乳酸杆菌的生长,使肠道因尿素分解所产的氨减少;另外,酸性的肠道环境可减少氨的吸收,并促进血液中的氨渗入肠道排出。乳果糖的疗效确切,可用于各期肝性脑病及较轻微肝性脑病的治疗。

第三节　个别氨基酸的代谢

本节主要讨论氨基酸的脱羧基作用、一碳单位的代谢、蛋氨酸代谢及芳香族氨基酸的代谢。

一、氨基酸的脱羧基作用

某些氨基酸可在氨基酸脱羧酶(decarboxylase)催化下进行脱羧基作用(decarboxylation),生成有重要生理功能的胺,氨基酸脱羧酶的辅酶为磷酸吡哆醛。

$$\underset{\text{氨基酸}}{H-\overset{\displaystyle R}{\underset{\displaystyle COOH}{C}}-NH_2} \xrightarrow[\text{磷酸吡哆醛}]{\text{氨基酸脱羧酶}} \underset{\text{胺}}{RCH_2NH_2+CO_2}$$

(一)γ-氨基丁酸

γ-氨基丁酸(γ-aminobutyric acid,GABA)是谷氨酸在 L-谷氨酸脱羧酶催化下脱羧基生成的。L-谷氨酸脱羧酶在脑、肾组织中活性很高,所以脑中 γ-氨基丁酸含量较高。

$$\text{谷氨酸} \xrightarrow[\quad CO_2\quad]{\text{L-谷氨酸脱羧酶}} \gamma\text{-氨基丁酸}$$

γ-氨基丁酸是一种抑制性神经递质,对中枢神经有抑制作用。睡眠时大脑皮层产生较多的 γ-氨基丁酸。临床上之所以使用维生素 B_6 治疗小儿抽搐和妊娠呕吐,是因为维生素 B_6 是脱羧酶的辅酶,能使 γ-氨基丁酸生成增多,增强对中枢的抑制作用。

(二) 组胺

组氨酸脱羧生成组胺(histamine)。组胺主要由肥大细胞产生并储存,在乳腺、肺、肝、肌肉及胃黏膜中含量较高。组胺是一种强烈的血管舒张剂,能增加毛细血管的通透性,造成血压下降和局部水肿。此外,组胺与过敏反应症状密切相关;组胺可促进平滑肌收缩;组胺还可刺激胃蛋白酶和胃酸的分泌。

$$\text{组氨酸} \xrightarrow[\quad CO_2\quad]{\text{组氨酸脱羧酶}} \text{组胺}$$

(三) 5-羟色胺

色氨酸在脑中首先由色氨酸羟化酶催化生成 5-羟色氨酸,再经脱羧酶作用生成 5-羟色胺(5-hydroxytryptamine,5-HT)。5-羟色胺分布广泛。5-羟色胺在脑组织中是一种抑制性神经递质,在外周组织中具有强烈的血管收缩作用。

$$\text{色氨酸} \xrightarrow{\text{色氨酸羟化酶}} \text{5-羟色氨酸}$$

$$\xrightarrow[\quad CO_2\quad]{\text{5-羟色氨酸脱羧酶}} \text{5-羟色胺}$$

(四) 多胺

含有多个氨基的化合物称为多胺。鸟氨酸及蛋氨酸经脱羧基等作用可生成多胺,反应如下。

$$\text{L-鸟氨酸} \xrightarrow[\quad CO_2\quad]{\text{鸟氨酸脱羧酶}} H_2N-(CH_2)_4-NH_2 \quad \text{(腐胺)}$$

S-腺苷蛋氨酸(SAM) $\xrightarrow[\text{CO}_2]{\text{SAM脱羧酶}}$ 腺苷—S—(CH$_2$)$_3$—NH$_2$　（脱羧基SAM）

腐胺+脱羧基SAM $\xrightarrow[\text{腺苷}-S-\text{CH}_3]{\text{丙胺转移酶}}$ H$_2$N—(CH$_2$)$_4$—NH—(CH$_2$)$_3$—NH$_2$　（精脒）

精脒+脱羧基SAM $\xrightarrow[\text{腺苷}-S-\text{CH}_3]{\text{丙胺转移酶}}$ H$_2$N—(CH$_2$)$_3$—NH—(CH$_2$)$_4$—NH—(CH$_2$)$_3$—NH$_2$　（精胺）

精脒和精胺均属多胺，它们是调节细胞生长的重要物质，有促进核酸、蛋白质合成的作用，有利于细胞增殖。凡生长旺盛的组织（如胚胎、再生肝、癌瘤组织等）中多胺含量均增加。目前，临床上常以测定肿瘤患者血、尿中多胺的含量来作为观察病情和辅助诊断的指标之一。

二、一碳单位的代谢

（一）一碳单位的概念

某些氨基酸在分解代谢过程中产生的含有一个碳原子的有机基团，称为一碳单位或一碳基团（one carbon unit），包括甲基（—CH$_3$）、亚甲基（—CH$_2$—）、次甲基（=CH—）、甲酰基（—CHO）、亚氨甲基（—CH=NH）等。

（二）一碳单位的载体

一碳单位不能游离存在，常与四氢叶酸(FH$_4$)结合而转运，并参加代谢。FH$_4$ 是一碳单位的载体，也是一碳单位代谢的辅酶。

（三）一碳单位的来源

一碳单位主要来源于丝氨酸、甘氨酸、组氨酸、色氨酸的分解代谢。各种形式的一碳单位中碳原子的氧化状态不同，在适当条件下它们可以通过氧化还原反应相互转变。但是 N^5-甲基四氢叶酸的生成基本是不可逆的，也就是说 N^5-甲基四氢叶酸不能转化为其他类型一碳单位，它的主要作用是提供甲基。一碳单位的来源、互变及利用见图9-6。

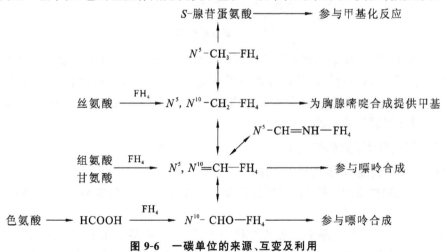

图9-6　一碳单位的来源、互变及利用

（四）一碳单位的生理功用

一碳单位的主要生理功用是作为嘌呤、嘧啶的合成原料,在核酸代谢中具有重要意义。因此,一碳单位代谢与细胞的增殖、组织生长和机体发育等重要过程密切相关。另外,一碳单位还参与 S-腺苷蛋氨酸的合成,后者参与体内重要的甲基化反应,为激素、磷脂、核酸等的合成提供甲基。一碳单位代谢可把氨基酸代谢与核酸代谢联系起来,因而对机体生命活动有重要意义。

三、蛋氨酸代谢

含硫氨基酸包括蛋氨酸(甲硫氨酸)、半胱氨酸和胱氨酸三种。蛋氨酸可以转变为半胱氨酸和胱氨酸,后两者也可以互相转变。但它们不能转变为蛋氨酸,所以蛋氨酸是必需氨基酸。下面只重点介绍蛋氨酸的代谢。

蛋氨酸与 ATP 反应,经腺苷转移酶催化生成 S-腺苷蛋氨酸(SAM),SAM 为甲基的供体,是蛋氨酸的活性形式,可参与多种重要的甲基化反应。SAM 提供甲基后转变为 S-腺苷同型半胱氨酸,进一步脱去腺苷转变成同型半胱氨酸,同型半胱氨酸在转甲基酶催化下,从 N^5-甲基四氢叶酸上再获得甲基后又生成了蛋氨酸,形成了蛋氨酸在体内的循环,故称为蛋氨酸循环(图 9-7)。

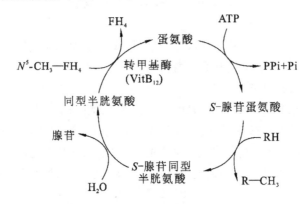

图 9-7　蛋氨酸循环

蛋氨酸循环的生理意义就在于将四氢叶酸携带的不活泼的甲基转变为机体可直接利用的活泼甲基,以进行体内广泛存在的甲基化反应。据统计,体内有 50 多种物质的合成需要 SAM 提供甲基,生成甲基化合物,如 DNA、RNA 及蛋白质的甲基化,还有肌酸、胆碱、肾上腺素等的合成。

四、芳香族氨基酸的代谢

（一）苯丙氨酸与酪氨酸的代谢

苯丙氨酸和酪氨酸结构相似,在体内苯丙氨酸可转变成酪氨酸,所以合并在一起讨论。

由图 9-8 可知苯丙氨酸和酪氨酸在代谢中,可以生成多巴胺、去甲肾上腺素、肾上腺素、黑色素等多种物质,多巴胺、去甲肾上腺素、肾上腺素统称为儿茶酚胺（cate-

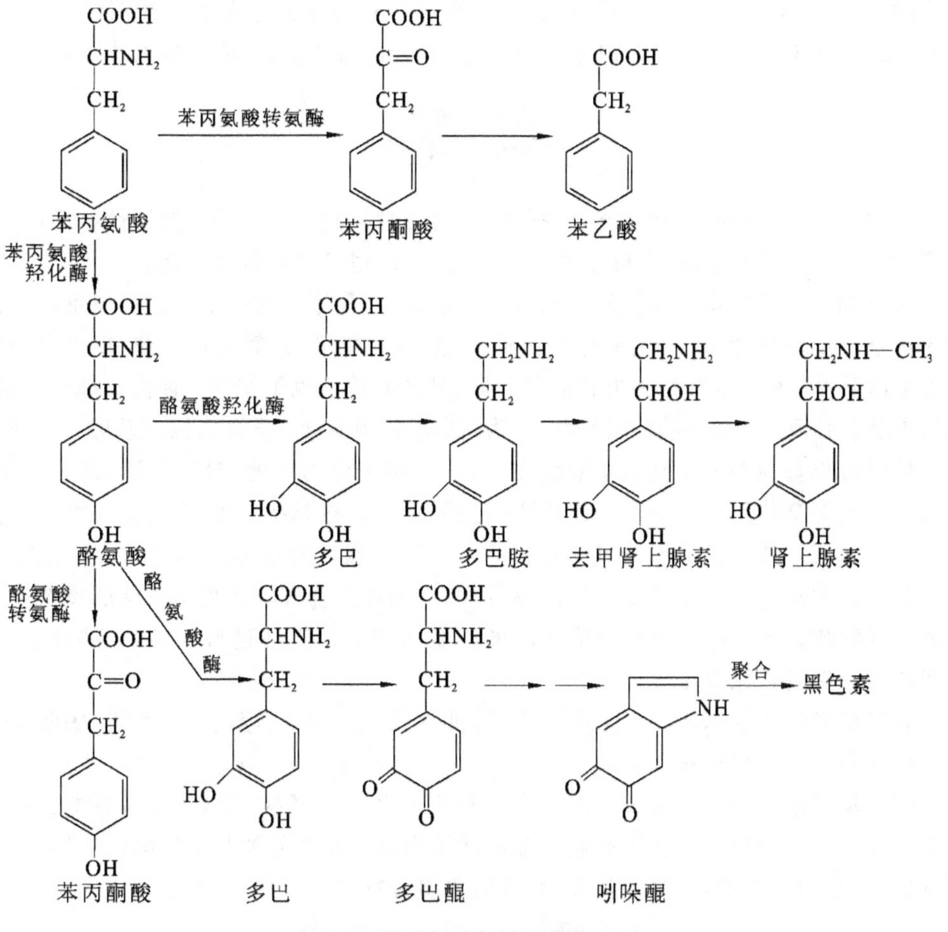

图 9-8 苯丙氨酸与酪氨酸的代谢

cholamine)。苯丙氨酸和酪氨酸代谢障碍可导致多种疾病。

1. 苯丙酮酸尿症（phenyl ketonuria，PKU） 该病因缺乏苯丙氨酸羟化酶所致。苯丙氨酸不能正常地转变为酪氨酸，体内苯丙氨酸蓄积，并由转氨基作用生成苯丙酮酸（一部分还原为苯乙酸），并从尿液中排出。苯丙酮酸的堆积对中枢神经系统有毒性，故本病伴发智力发育障碍。早期发现时可控制饮食中苯丙氨酸含量，有利于智力发育。

2. 白化病 在黑色素细胞中酪氨酸可经酪氨酸酶催化生成多巴，再经氧化、脱羧、聚合等反应生成黑色素。人体先天性缺乏酪氨酸酶，导致黑色素合成障碍，使皮肤、毛发等发白，称为白化病（albinism）。患者畏光，对紫外线敏感，容易患皮肤癌。

3. 帕金森病 帕金森病（Parkinson's disease）是由于脑多巴胺的生成减少所导致的一种严重的神经系统疾病。临床常用多巴治疗，多巴本身不能通过血-脑脊液屏障，无直接疗效，但在相应组织中脱羧可生成多巴胺达到治疗作用。

（二）色氨酸代谢

色氨酸代谢除前已述及的羟化脱羧生成 5-羟色胺，色氨酸还是一碳单位的供体，也可分解生成丙酮酸和乙酰 CoA,所以,色氨酸是生糖兼生酮氨基酸。色氨酸在体内还可产生维生素 PP,这是体内合成维生素的特例,合成量甚少,不能满足机体需要。

小 结

蛋白质具有重要的生理功能,它既是生物体的结构分子,又是生命活性物质(如酶、激素、抗体)的物质基础,在特殊生理条件下,蛋白质也可以给机体供能。

通过测定每日食物中的氮的摄入量和测定尿、粪代谢废物中的氮的排出量,就可反映人体蛋白质的代谢概况,氮平衡有三种类型:氮的总平衡、氮的正平衡、氮的负平衡。各种蛋白质由于所含氨基酸种类和数量不同,其营养价值也不相同。体内不能合成或合成量不足而必须由食物供给的氨基酸,称为营养必需氨基酸。营养必需氨基酸有 8 种。

外源性氨基酸和内源性氨基酸混在一起,分布于体内各处,参与代谢,称为氨基酸代谢库。脱氨基作用是氨基酸分解代谢的主要途径。氨基酸脱氨基生成 α-酮酸和氨。氨基酸的脱氨基作用主要包括氧化脱氨基、转氨基、联合脱氨基等,其中的联合脱氨基作用是体内大多数氨基酸脱氨基的主要方式,也是体内合成非必需氨基酸的重要途径。氨是有毒物质。体内的氨通过形成无毒的谷氨酰胺和丙氨酸进行运输,大部分氨经过鸟氨酸循环转变成尿素排出体外。

氨基酸通过脱羧基作用产生胺类物质,如 γ-氨基丁酸、组胺、5-羟色胺、多胺等,这些物质具有重要的生理作用。

氨基酸代谢还可产生多种重要的生物活性物质。丝氨酸、甘氨酸、组氨酸、色氨酸分解代谢生成一碳单位。蛋氨酸循环提供活性甲基。苯丙氨酸与酪氨酸的代谢可以生成多巴胺、去甲肾上腺素、肾上腺素、黑色素等多种物质。

 能力检测

一、名词解释

1.必需氨基酸　2.蛋白质互补作用　3.联合脱氨基作用　4.一碳单位

二、填空题

1. 根据机体状况不同氮平衡可出现_____、_____、_____三种情况。

2. 脱氨基作用的方式主要有_____、_____、_____三种,其中_____为主要方式。

3. 成人蛋白质每天最低需要量为_____,我国营养学会推荐蛋白质的每天需要量为_____。

4. 转氨酶在各组织器官中的活性很不均衡,正常人_____酶在肝细胞中活性最高,_____酶在心肌细胞活性最高。

5. 对高血氨患者禁止用_____灌肠作透析,是为了减少氨的吸收。对因肝硬化腹腔积液的患者,不宜使用_____作为利尿药,防止血氨升高。

6. _____是体内储氨、运氨及解除氨毒性的重要形式。

三、单项选择题

1. 肌肉中最主要的脱氨基方式是( )。
A. 嘌呤核苷酸循环　　　　　　　　B. 加水脱氨基作用
C. 氨基移换作用　　　　　　　　　D. D-氨基酸氧化脱氨基作用
E. L-谷氨酸氧化脱氨基作用

2. 人体内合成尿素的主要脏器是( )。
A. 脑　　　　　B. 肌肉　　　　　C. 肾　　　　　D. 肝　　　　　E. 心

3. 一碳单位代谢的辅酶是( )。
A. 叶酸　　　　B. 二氢叶酸　　　C. 四氢叶酸　　D. NADPH　　　E. NADH

4. 尿素在肝的合成部位是( )。
A. 细胞质和微粒体　　　　　　　　B. 细胞质和线粒体
C. 线粒体和微粒体　　　　　　　　D. 微粒体和高尔基体
E. 细胞质和高尔基体

5. 下述氨基酸中属于人体必需氨基酸的是( )。
A. 甘氨酸　　　B. 组氨酸　　　　C. 苏氨酸　　　D. 脯氨酸　　　E. 丝氨酸

6. 下述氨基酸中属于人体非必需氨基酸的是( )。
A. 异亮氨酸　　B. 蛋氨酸　　　　C. 缬氨酸　　　D. 色氨酸　　　E. 丝氨酸

7. 补充酪氨酸可"节省"体内的( )。
A. 苯丙氨酸　　B. 组氨酸　　　　C. 蛋氨酸　　　D. 赖氨酸　　　E. 亮氨酸

8. 转氨酶的辅酶是( )。
A. 磷酸吡哆醛　B. 焦磷酸硫胺素　C. 生物素　　　D. 四氢叶酸　　E. 泛酸

9. 下列氨基酸在体内可以转化为 γ-氨基丁酸(GABA)的是( )。
A. 谷氨酸　　　B. 天冬氨酸　　　C. 苏氨酸　　　D. 色氨酸　　　E. 蛋氨酸

10. 下列氨基酸中能转化生成儿茶酚胺的是( )。
A. 天冬氨酸　　B. 色氨酸　　　　C. 酪氨酸　　　D. 脯氨酸　　　E. 蛋氨酸

11. 正常人血氨的主要来源是( )。
A. 蛋白质腐败　　　　　　　　　　B. 氨基酸脱氨
C. 胺类物质分解　　　　　　　　　D. 肾小管谷氨酰胺水解
E. 肠道细菌脲酶使尿素分解

12. 蛋白质功能中可被糖类或脂肪取代的是( )。
A. 维持组织的生长更新和修复　　B. 参与细胞各级膜结构组成
C. 维持体液胶体渗透压　　　　　　D. 维持运输及储存功能
E. 氧化供能

13. 经过脱氨基作用可直接生成 α-酮戊二酸的氨基酸是( )。
A. 色氨酸　　　B. 甘氨酸　　　　C. 苯丙氨酸　　D. 酪氨酸　　　E. 谷氨酸

14. 氨中毒的根本原因为（　　）。

    A. 肠道吸收氨过量　　　　　　　B. 氨基酸在体内分解代谢增强

    C. 肾功能衰竭排出障碍　　　　　D. 肝功能损伤，不能合成尿素

    E. 合成谷氨酰胺减少

15. 下列哪种物质是体内氨的储存及运输形式？（　　）

    A. 谷氨酰胺　　B. 谷氨酸　　　　C. 天冬氨酸　　D. 尿素　　　　E. 谷胱甘肽

16. 肾脏中氨的主要来源为（　　）。

    A. 氨基酸脱氨基作用　　　　　　B. 尿素的水解

    C. 嘌呤或嘧啶的分解　　　　　　D. 谷氨酰胺的水解

    E. 胺的氧化

17. 尿素循环中的中间产物不包括（　　）。

    A. 鸟氨酸　　　B. 瓜氨酸　　　　C. 精氨酸　　　D. 赖氨酸　　　E. 天冬氨酸

18. 对于肾炎患者，为了减少含氮代谢废物的产生量及维持氮的总平衡，合适的方法是（　　）。

    A. 尽量减少蛋白质的供应量　　　B. 禁食含蛋白质的食物

    C. 采用低蛋白高糖饮食　　　　　D. 只供给充足的糖

    E. 低蛋白、低糖、低脂肪食物

19. 患儿，2岁，发育不良，频繁呕吐，头发灰白色。尿液检测显示苯丙氨酸、苯丙酮酸、苯乙酸含量很高，诊断为苯丙酮酸尿症。病因是苯丙氨酸代谢缺陷，缺陷酶是（　　）。

    A. 谷氨酸脱氢酶　　　　　　　　B. 谷丙转氨酶

    C. 谷草转氨酸　　　　　　　　　D. 苯丙氨酸羟化酶

    E. 酪氨酸羟化酶

20. 急性肝炎时，患者血清中明显升高的酶是（　　）。

    A. 碳酸酐酶　　　　　　　　　　B. 碱性磷酸酶

    C. 乳酸脱氢酶　　　　　　　　　D. 丙氨酸氨基转移酶

    E. γ-谷氨酰转移酶

21. 将实验犬的肾切除，并给输入或饲喂氨基酸，血中尿素含量明显升高；若将实验犬的肝切除，则血中氨及氨基酸含量明显升高；若将犬的肝、肾同时切除，则血中尿素的含量可维持在较低水平，而血氨浓度明显增高。这些实验证明合成尿素的最主要器官是（　　）。

    A. 肾　　　　　B. 脑　　　　　　C. 肠道　　　　D. 肝　　　　　E. 肌肉

四、简答题

1. 体内氨的来源与去路有哪些？

2. 简述肝昏迷氨中毒学说。

3. γ-氨基丁酸是如何生成的？有何生理作用？

（开封市卫生学校　马红雨）

第十章　核酸代谢和蛋白质的生物合成

学习目标

掌握　核苷酸的合成原料及分解代谢产物；遗传信息传递的中心法则；DNA 半保留复制、转录、逆转录、翻译的概念。

熟悉　DNA 复制、RNA 转录的主要过程；三种类型 RNA 在蛋白质合成中的作用。

了解　蛋白质生物合成的主要过程；蛋白质生物合成与医学的关系。

本章分前、后两个部分，前一部分介绍核苷酸代谢，后一部分介绍遗传信息的传递和表达规律。核苷酸是核酸的基本单位，核酸代谢主要涉及的是核苷酸的代谢，包括核苷酸的合成代谢与分解代谢。

基因遗传信息的传递与表达包括两个方面：一是基因的遗传，即以亲代 DNA 为模板合成子代 DNA，将遗传信息准确地传递到子代 DNA 分子上，这个过程称为 DNA 的复制（replication）；二是基因的表达，储存在 DNA 顺序中的遗传信息，经过转录和翻译，转变成具有生物活性的蛋白质分子，生物体内的各种功能蛋白质和酶都是由相应的结构基因编码而成的。转录（transcription）即是以 DNA 为模板，合成与 DNA 某段碱基排列顺序互补的 RNA 分子，并将遗传信息传递到 RNA 分子上的过程。而以 mRNA 为模板，指导蛋白质的生物合成，由 mRNA 碱基顺序决定蛋白质分子中氨基酸的排列顺序的过程称为翻译（translation）。1958 年，Crick 将遗传信息通过复制、转录、翻译进行传递的这种规律，称为遗传信息传递的中心法则。20 世纪 70 年代从致癌 RNA 病毒中发现逆转录（reverse transcription）现象，即以 RNA 为模板指导 DNA 的合成，后又发现某些病毒中的 RNA 也可进行复制，这样就对中心法则提出了补充和修正（图 10-1）。

图 10-1　遗传信息传递的中心法则

第一节　核苷酸代谢

人体内的核苷酸一方面来自食物中核酸消化产物的吸收，但主要还是由机体细胞自身合成，因此，核苷酸不属于营养必需物质。

食物中的核酸多以核蛋白形式存在。核蛋白在胃里受胃酸的作用,分解成核酸和蛋白质。核酸进入小肠后,受胰液与肠液中各种水解酶的作用逐步水解。核苷酸及其水解产物均可被细胞吸收,但它们的绝大部分在肠黏膜细胞中又被进一步分解。分解产生的戊糖用于参加体内的戊糖代谢,碱基则主要被分解而排出体外。因此,食物来源的嘌呤碱基和嘧啶碱基很少被机体利用。

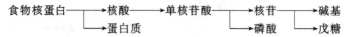

一、核苷酸的合成代谢

体内核苷酸的合成有两条途径。一条是利用氨基酸、二氧化碳、一碳单位和磷酸核糖等简单物质为原料,经过一系列酶促反应,合成核苷酸的过程,称为从头合成途径。另一条则是利用体内现成的碱基或核苷为原料,经过简单的反应过程,合成核苷酸的过程,称为补救合成途径。从头合成途径是体内提供核苷酸的主要来源,需要消耗氨基酸等多种原料及大量ATP。核苷酸的从头合成途径在肝、胸腺和小肠黏膜的胞质中进行,以肝为主。脑、骨髓的胞质中因为缺乏从头合成的酶系,只能进行补救合成。

(一)嘌呤核苷酸的合成

1. 从头合成途径 嘌呤核苷酸的从头合成途径在胞质中进行。合成的原料均为简单物质,包括5-磷酸核糖(在磷酸戊糖途径中产生)、谷氨酰胺、一碳单位、甘氨酸、天冬氨酸和CO_2(图10-2)。

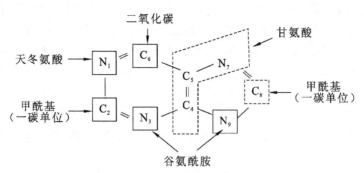

图10-2 嘌呤碱合成的元素来源

嘌呤核苷酸从头合成是在磷酸核糖分子的基础上逐步进行环化而成的。其过程比较复杂,可分为两个阶段:首先合成次黄嘌呤核苷酸(IMP),然后IMP再转变成腺苷酸(AMP)与鸟苷酸(GMP)(图10-3)。

(1) IMP的合成 需要经过十一步酶促反应完成。由ATP提供能量和磷酸基团,与5-磷酸核糖反应生成5-磷酸核糖-1-焦磷酸(PRPP)。此步反应是核苷酸合成代谢中的关键步骤。在磷酸核糖酰胺转移酶催化下,生成5-磷酸核糖胺(PRA)。在PRA基础上经过多步反应,最终脱水环化生成次黄嘌呤核苷酸(IMP)。

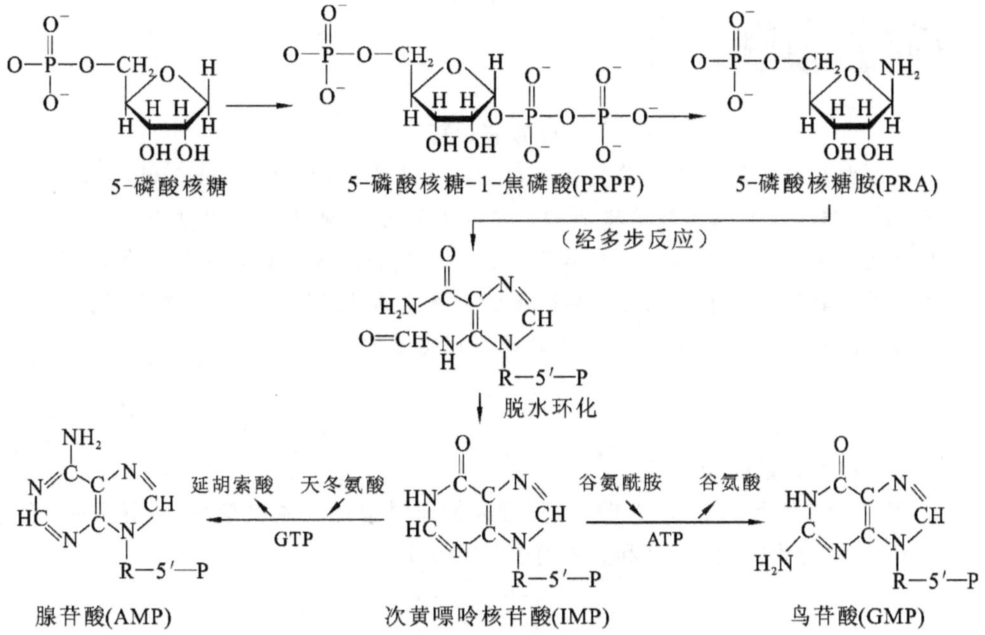

图 10-3 嘌呤核苷酸的合成

（2）AMP 和 GMP 的生成 IMP 虽然不是核酸分子的主要组成成分,但它是嘌呤核苷酸合成的重要中间产物,可分别转变成 AMP 和 GMP。AMP 和 GMP 在激酶的作用下,可接受 ATP 供给的高能磷酸键,生成二磷酸和三磷酸的核苷酸。

2. 补救合成途径 虽然从头合成途径是嘌呤核苷酸的主要合成途径,但嘌呤核苷酸从头合成酶系在哺乳动物的某些组织(脑、骨髓)中不存在,细胞利用现成的嘌呤碱或嘌呤核苷重新合成嘌呤核苷酸的过程,称为嘌呤核苷酸补救合成途径。补救合成的过程比从头合成简单得多,消耗 ATP 少,且可节省一些氨基酸的消耗。主要的酶有腺嘌呤磷酸核糖转移酶(APRT)和次黄嘌呤-鸟嘌呤磷酸核糖转移酶(HGPRT),分别催化 AMP 和 IMP、GMP 的补救合成(图 10-4)。

$$\text{腺嘌呤} + PRPP \xrightarrow{APRT} AMP + PPi$$
$$\text{次黄嘌呤} + PRPP \xrightarrow{HGPRT} IMP + PPi$$
$$\text{鸟嘌呤} + PRPP \xrightarrow{HGPRT} GMP + PPi$$

图 10-4 嘌呤核苷酸的补救合成

补救合成同样由 PRPP 提供磷酸核糖。

腺嘌呤核苷通过腺苷激酶(adenosine kinase)作用可变成 AMP 而重新利用。类似地,其他核苷也可由相应的激酶磷酸化得到相应的核苷酸。

由于基因缺陷导致儿童体内 HGPRT 完全缺失,可引起自毁容貌征或 Lesch-Nyhan综合征,这是一种遗传代谢病。

自毁容貌征

自毁容貌征是一种 X 染色体连锁的隐性遗传病，又称 Lesch-Nyhan 综合征，是由 HGPRT 基因缺陷造成的。患儿在两三岁时即开始出现症状，如尿酸生成过量，发育障碍，并有咬自己口唇、手指、脚趾等自毁容貌的现象，这种患儿很少能活到成年。现在科学家正研究将正常 HGPRT 基因，借助基因工程的方法转移至患者的细胞中，以达到基因治疗的目的。

（二）嘧啶核苷酸的合成

1. 从头合成途径　嘧啶核苷酸从头合成的原料包括 5-磷酸核糖、谷氨酰胺、天冬氨酸和 CO_2，同时也需要 ATP 和无机离子（图 10-5）。

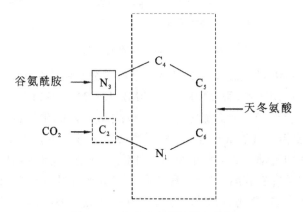

图 10-5　嘧啶碱合成的元素来源

与嘌呤核苷酸的从头合成不同，嘧啶核苷酸从头合成特点是先合成嘧啶环，再磷酸核糖化生成核苷酸。首先合成尿苷酸，再转变成 CTP（图 10-6）。此过程主要在肝细胞的胞质中进行。

（1）UMP 的合成　尿苷酸的合成过程有六步酶促反应。

在胞质中，由氨基甲酰磷酸合成酶 Ⅱ（CPS-Ⅱ）催化，以谷氨酰胺为氮源，生成氨基甲酰磷酸。氨基甲酰磷酸与天冬氨酸生成氨基甲酰天冬氨酸。氨基甲酰天冬氨酸经过脱水、环化、脱氢成乳清酸，乳清酸与 PRPP 化合，生成乳清酸核苷酸，再脱去羧基，形成尿苷酸（UMP）。

（2）CTP 的合成　UMP 经过两步磷酸化，消耗 ATP 生成三磷酸尿苷（UTP），再在 CTP 合成酶催化下，消耗 1 分子 ATP，由谷氨酰胺提供氨基，生成三磷酸胞苷（CTP）。

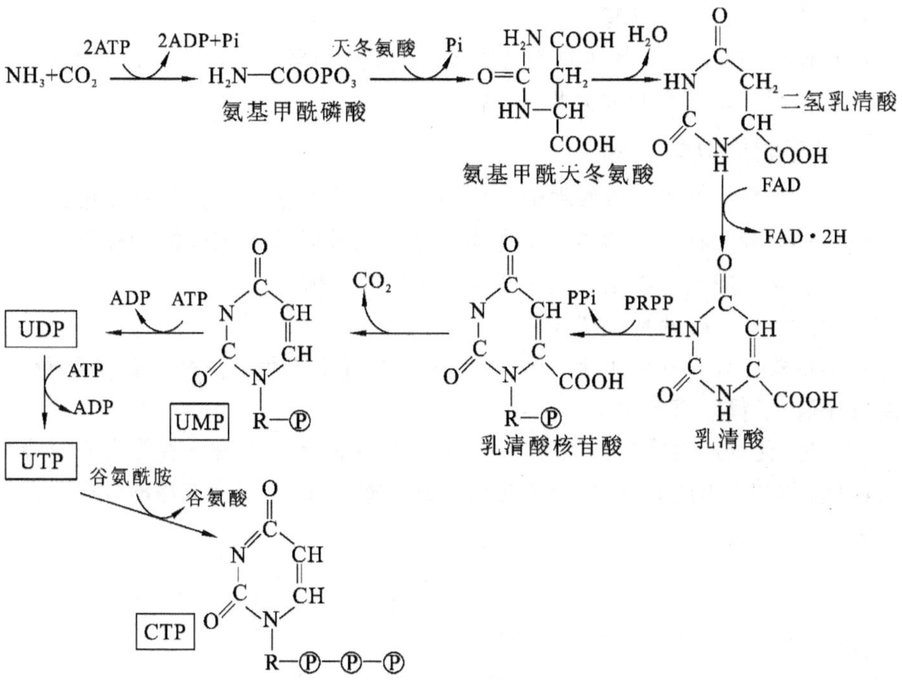

图 10-6　嘧啶核苷酸的从头合成途径

知识链接

先天性乳清酸尿症

先天性乳清酸尿症是常染色体隐性遗传病。该病的患者由于两种重要的酶有缺陷而几乎不能合成嘧啶类核苷酸，这两种酶分别是乳清酸磷酸核糖转移酶和乳清酸核苷酸脱羧酶，这两种酶有缺陷，就使乳清酸不能转变为尿苷酸，导致乳清酸大量出现在血液和尿液中。在患儿出生数月内就表现出明显症状，比如低色素巨成红细胞性贫血，以及发育和智力障碍。

该病治疗可给予尿苷或尿苷酸等，抑制 CPS-Ⅱ 的活性，从而抑制嘧啶核苷酸的从头合成途径，降低血中乳清酸含量，达到治疗目的。

2. 补救合成途径　以嘧啶碱或嘧啶核苷为原料合成嘧啶核苷酸的过程。

（三）脱氧核糖核苷酸的生成

脱氧核苷酸是 DNA 合成的前体。在体内，脱氧核苷酸由核糖核苷酸直接还原生成，还原反应在核苷二磷酸水平上进行，催化反应的酶是核糖核苷酸还原酶。总反应式为

$$NDP \xrightarrow[\text{核糖核苷酸还原酶}]{NADPH+H^+ \searrow \quad \nearrow NADP^+ + H_2O} dNDP$$

N 代表 A、G、U、C 等碱基。

脱氧胸苷酸(dTMP)与其他脱氧核苷酸的生成方式不同,它是由 dUMP 甲基化形成的,N^5,N^{10}-甲烯基四氢叶酸为此反应提供甲基。

二、核苷酸的分解代谢

细胞内的核苷酸由核苷酸酶水解生成核苷。核苷经核苷磷酸化酶作用,磷酸解为自由的碱基和 1-磷酸核糖。嘌呤碱基和嘧啶碱基既可以参加核苷酸的补救合成,又可以进一步水解成尿酸或 β-丙氨酸或 β-氨基异丁酸等排出。

(一)嘌呤核苷酸的分解代谢

体内嘌呤核苷酸的分解代谢主要在肝、小肠及肾中进行。人体内的嘌呤碱最终被分解生成尿酸,经肾脏随尿排出。

AMP 经酶促反应生成次黄嘌呤,后者在黄嘌呤氧化酶作用下氧化生成黄嘌呤,最后生成尿酸。GMP 生成鸟嘌呤,后者转变生成黄嘌呤,最后也生成尿酸(图 10-7)。

图 10-7 嘌呤核苷酸的分解代谢

脱氧嘌呤核苷经过相同代谢途径进行分解。黄嘌呤氧化酶在肝、小肠及肾中活性较强,所以,这些部位嘌呤核苷酸的分解代谢比较旺盛。

尿酸为人类及其他灵长类动物嘌呤分解代谢的最终产物,随尿排出体外。正常人血浆中尿酸含量为 0.12~0.36 mmol/L(2~6 mg/dL)。尿酸的水溶性较差,若嘌呤分解代谢增强;尿酸的生成过多或排泄受阻,以致血液中的尿酸浓度升高,尿酸盐结晶在关节、软组织、软骨甚至肾等处沉积下来,而导致痛风症。临床上常用别嘌呤醇治疗痛风症,别嘌呤醇与次黄嘌呤的结构类似,故可以竞争性抑制黄嘌呤氧化酶活性,从而抑制尿酸的生成,降低血浆中尿酸含量,达到治疗目的。

知识链接

嘌呤代谢与痛风症

痛风症是一组嘌呤代谢紊乱所致的一种疾病,是指患者血中尿酸含量增高(一般高于 470 μmol/L),细小针尖状的尿酸盐慢性沉积于关节、软组织、软骨及肾等处,其临床表现为高尿酸盐结晶而引起的痛风性关节炎和关节畸形,它会让你周身局部出现红、肿、热、痛的症状,俗语说:痛风痛起来真要命。只有饱受痛风煎熬的人才会有如此深的感觉,如不及时治疗,会引起痛风性肾炎、尿酸肾结石,以及性功能减退、高血压等多种并发症。

（二）嘧啶核苷酸的分解代谢

嘧啶核苷酸的分解代谢主要在肝内进行。嘧啶核苷酸的分解可先脱去磷酸及核糖，余下的嘧啶碱进一步开环分解。胞嘧啶和尿嘧啶分解最终产物为 NH_3、CO_2、β-丙氨酸，胸腺嘧啶最终分解为 NH_3、CO_2 和 β-氨基异丁酸（图 10-8）。这些产物均易溶于水，可随尿排出体外或进一步分解。摄入含 DNA 丰富的食物、经放射性治疗或化学治疗的恶性肿瘤患者，尿中 β-氨基异丁酸排出量增加。

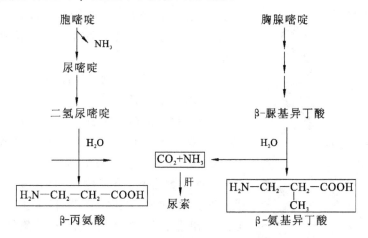

图 10-8　嘧啶核苷酸的分解代谢

第二节　DNA 的生物合成

现代生物学已充分证明，DNA 是生物遗传的主要物质基础。生物机体的遗传信息以密码的形式编码在 DNA 分子上，表现为特定的核苷酸排列顺序，并通过 DNA 的复制，由亲代传递给子代。复制是指遗传物质的传代，以母链 DNA 为模板合成子链 DNA 的过程。碱基配对规律和 DNA 双螺旋结构是复制的分子基础，其化学本质是酶促的生物细胞内单核苷酸聚合。在细胞增殖周期的一定阶段整个染色体组都将发生精确的复制，各种酶和蛋白因子的参与是复制能够迅速、准确完成的保证。

原核生物和真核生物的 DNA 复制过程原则上是相同的，但在具体细节上有差别。为便于理解，通常把复制过程分为起始、延长、终止三个阶段来叙述。

一、DNA 的复制

（一）DNA 的半保留复制

DNA 在复制时，以亲代 DNA 分子的每一条链作为模板，合成完全相同的两个子代 DNA 分子，每个子代 DNA 分子中一条链来自亲代，另一条链是新合成的，这种复制方式称为半保留复制（图 10-9）。DNA 以半保留方式进行复制，这是由 M. Meselson 和 F. Stahl 在 1958 年通过实验证明了的。

半保留复制的阐明，对了解 DNA 的功能和物种的延续性有重大意义。DNA 双链

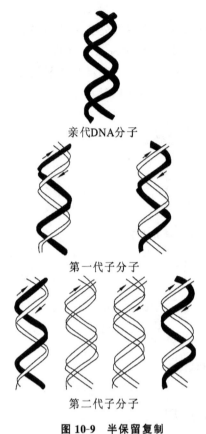

亲代DNA分子

第一代子分子

第二代子分子

图 10-9 半保留复制

的两条单链之间有碱基互补的关系,双链中的一条链可以确定其对应链的碱基序列。按半保留复制的方式,子代DNA保留了亲代DNA的全部遗传信息,体现在代与代之间DNA碱基序列的一致性上。DNA的半保留复制机制说明DNA在代谢上的稳定性。经过许多代的复制,DNA的多核苷酸链仍可保持完整,并存在于后代而不被分解掉。DNA与细胞其他成分相比要稳定得多,这和它的遗传功能是相符合的。

(二) 参与 DNA 复制的酶类

1. DNA 聚合酶

DNA 聚合酶(DNA polymerase,DNA pol)的全称是依赖 DNA 的 DNA 聚合酶(DNA-dependent DNA polymerase)。原核生物(如大肠杆菌)中含有三种 DNA 聚合酶,分别称为 DNA 聚合酶 I、II 和 III,现在已知在 DNA 复制中起主导作用的是 DNA pol III;真核生物的 DNA 聚合酶包括 α、β、γ、δ、ε 等,其中在复制过程中起主要作用的是 DNA pol δ。DNA 聚合酶催化以 DNA 为模板,以脱氧三磷酸核苷为原料(dNTP),在多核苷酸链(如 RNA 引物)的 $3'$-OH 末端逐个聚合脱氧核苷酸,形成 DNA 链。DNA 链的合成方向是 $5' \rightarrow 3'$。

2. 解旋、解链酶类

(1) 解链酶:可通过 ATP 分解获得能量,解开 DNA 双链。

(2) DNA 拓扑异构酶:DNA 拓扑异构酶(DNA topoisomerase),简称拓扑酶。它能使 DNA 双链的一股或两股断开,使 DNA 分子变成松弛状态,然后再将切口封闭,以利于复制的进行。DNA 分子一边解链,一边复制,拓扑酶在复制全过程中都起作用。

(3) 单链 DNA 结合蛋白:单链 DNA 结合蛋白(SSB)能与解开的 DNA 单链结合,防止单链重新形成双螺旋,保持模板的单链状态以便于复制,同时防止单链模板被核酸酶水解。

3. 引物酶

复制是在一段 RNA 引物的基础上添加脱氧核苷酸而进行聚合的。催化引物合成的酶是一种 RNA 聚合酶,它不同于催化转录过程的 RNA 聚合酶,因此被称为引物酶。合成引物的原料是 NTP。

4. DNA 连接酶

DNA 连接酶(DNA ligase)催化 DNA 片段的 $3'$-OH 与另一条 DNA 片段的 $5'$-磷

酸基生成磷酸二酯键，从而形成完整的链。DNA 连接酶不但在复制过程中起最后连接缺口的作用，而且在 DNA 修复、重组、剪接等过程中也起连接缺口的作用。

知识链接

DNA 的合成与引物

所有已知的 DNA 聚合酶都不能发动新链的合成，而只能催化已有链的延长反应。然而 RNA 聚合酶则不同。它只要有 DNA 模板存在，就可以在其上合成出新的 RNA 链。这就是说，DNA 合成需要引物，RNA 合成不需要引物。经研究得知，DNA 复制时，RNA 引物是在 DNA 模板链的一定部位合成并互补于 DNA 链，合成方向是 $5'→3'$。

（三）DNA 生物合成过程

以原核生物 DNA 为例，复制过程主要包括引发、延伸、终止三个阶段。

1. 引发　复制的引发阶段是指在 DNA 复制起点处解开双链，通过转录激活步骤合成 RNA 引物。依靠解链酶和拓扑异构酶使 DNA 先解开一段双链，并由单链 DNA 结合蛋白（SSB）结合于解开的单链上，形成叉状结构即复制叉（图 10-10）。在引物酶催化下，以复制起始点的一段单链 DNA 为模板，按 $5'→3'$ 方向合成一段 RNA 引物，DNA 聚合酶将第一个脱氧核苷酸加到引物 RNA 的 $3'$-OH 末端。

2. 延伸　DNA 新生链的合成由 DNA 聚合酶Ⅲ所催化，然而，DNA 必须由螺旋酶在复制叉处边移动边解开双链。新合成的两条 DNA 链，分别称为前导链和滞后链。能连续合成的链为前导链，不能连续合成的链为滞后链。前导链的合成方向与复制叉前进方向（解链方向）是一致的，因此，合成能顺利地连续进行；但滞后链的合成方向与复制叉前进方向相反，不能连续进行合成。滞后链是在分段合成引物的基础上，合成不连续的 DNA 片段，称为冈崎片段。

DNA 复制时，一条链是连续的，另一条链是不连续的，因此称为 DNA 的半不连续复制。

3. 终止　包括切除引物，冈崎片段的延长和连接。复制完成后，在 DNA 聚合酶Ⅰ（真核

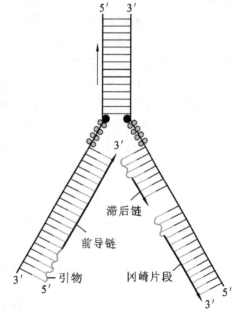

图 10-10　DNA 的复制

生物中为核酸酶)作用下,切除 RNA 引物。然后依据模板的碱基序列催化延长冈崎片段,以填补引物切除留下的空隙。DNA 连接酶把片段之间的缺口通过生成磷酸二酯键结合起来,形成连续的子代链。

二、逆转录

高等生物的遗传物质大多数是双链 DNA,但也有少数低等生物将含有的单链 DNA 作为遗传物质,如 M13 噬菌体。有些病毒的遗传物质是 RNA,而不是 DNA,故称为 RNA 病毒。1970 年,H. Temin 和 D. Baltimore 分别从 RNA 病毒中发现逆转录酶。逆转录酶可以催化逆转录过程。以 RNA 为模板,按照 RNA 中的核苷酸顺序合成 DNA,这与通常转录过程中遗传信息流从 DNA 到 RNA 的方向相反,故称为逆转录(reverse transcription)。催化逆转录过程的酶即称为逆转录酶或称反转录酶,又称依赖 RNA 的 DNA 聚合酶或 RNA 指导的 DNA 聚合酶。

(一)逆转录酶的性质

逆转录酶催化的 DNA 合成反应要求有模板和引物,以四种脱氧核糖核苷三磷酸作为底物,此外还需要适当浓度的 Mg^{2+}、Mn^{2+} 和还原剂,DNA 链的延长方向为 $5' \rightarrow 3'$。这些性质都与 DNA 聚合酶相类似。当其以自身病毒类型的 RNA 为模板时,该酶表现出最大的逆转录活力,但是带有适当引物的任何种类 RNA 都能作为合成 DNA 的模板。

(二)逆转录过程

从单链 RNA 逆转录到双链 DNA 的生成可以分成三个步骤。首先是以病毒基因组 RNA 为模板,在逆转录酶催化下,以 dNTP 为底物生成一条与 RNA 互补的 DNA 链,形成 RNA-DNA 杂化双链。其次,杂化双链中的 RNA 链被逆转录酶的核糖核酸酶(RNaseH)活性水解,剩下 DNA 单链。最后,以剩下的单链 DNA 再作为模板,由逆转录酶催化合成与模板互补的第二条 DNA 链,形成双链 DNA 分子。因此,逆转录酶兼有三种酶的活性:①RNA 指导的 DNA 聚合酶活性;②核糖核酸酶活性,水解 RNA-DNA 杂化双链中的 RNA;③DNA 指导的 DNA 聚合酶活性。

按照上述的方式,RNA 病毒在细胞内复制成双链 DNA 的前病毒,并可在细胞内独立繁殖。在某些情况下,前病毒基因组可以通过基因重组,整合到细胞基因组中,并随宿主细胞的基因一起复制和表达。前病毒独立繁殖或整合到宿主细胞的基因,都可能成为致病的原因(图 10-11)。

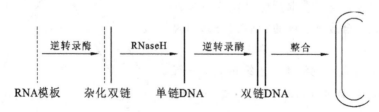

图 10-11 逆转录过程

（三）逆转录的生物学意义

逆转录酶存在于所有致癌 RNA 病毒中,可以想象,它的存在与 RNA 病毒引起细胞恶性转化有关。对逆转录病毒的研究,拓宽了 20 世纪初开始注意到的病毒致癌理论,并为防治肿瘤提供了重要的线索。现已了解到,致癌 RNA 病毒在侵染宿主细胞时,RNA 基因组通过逆转录形成前病毒 DNA,然后整合到宿主细胞染色体 DNA 中,由此合成病毒 RNA 和蛋白质,以及与细胞转化有关的蛋白质。例如,1911 年发现的可使动物致癌的劳氏肉瘤病毒(RSV);20 世纪 70 年代初,在逆转录病毒中发现了癌基因;人类免疫缺陷病毒(HIV)也是 RNA 病毒,也有逆转录功能。

知识链接

逆转录病毒和基因治疗

如果能实现有效的基因转移,基因治疗在对付遗传性疾病、减缓肿瘤发展、战胜病毒性感染和终止神经系统退行性病变等方面都会有广阔的应用前景。逆转录病毒应用最早,研究也相当成熟,目前仍被广泛应用。逆转录病毒的许多特点使其成为基因转移载体的上佳选择。最重要的一点是它可以有效地整合入靶细胞基因组并稳定持久地表达所带的外源基因。病毒基因组以转座的方式整合,其基因组不会发生重排,因此所携带的外源基因也不会改变。

第三节 RNA 的生物合成——转录

转录是 RNA 合成的主要方式,是遗传信息从 DNA 向 RNA 传递的过程,是遗传信息表达的重要环节。

一、转录的概念和特点

生物体体内以 DNA 为模板指导合成 RNA 的过程,称为转录。经转录生成的各种 RNA 前体,必须经过加工修饰,才能成为具有生物学活性的成熟 RNA。

（一）转录的特点

转录的原料为核糖核苷三磷酸(NTP),包括 ATP、GTP、CTP 和 UTP。转录的模板是双链 DNA 分子的一条链的局部功能片段,这条链作为转录模板的链称为模板链或有意义链。与模板链互补的另一条链则称为编码链或反意义链。

不对称转录是转录的特点。不对称转录有两方面含义:一是 DNA 分子双链中只有一条的某一区段,可作为转录的模板;二是模板链并非永远在同一单链上,在某些区域,可以由某一条链作为转录模板,在另一些区域则可由另一条链作为转录模板（图 10-12)。

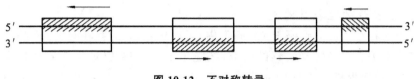

图 10-12 不对称转录

注 ▭ 为结构基因；▨ 为有意义链。

（二）RNA 聚合酶

RNA 聚合酶（RNA polymerase），全称为依赖 DNA 的 RNA 聚合酶（DNA-dependent RNA polymerase，DDRP）。RNA 聚合酶催化 RNA 链的合成，合成方向是 $5' \rightarrow 3'$。

原核生物的 RNA 聚合酶由五个亚基（$\alpha_2\beta\beta'\sigma$）组成全酶。其中 σ 亚基也称 σ 因子，σ 因子的作用就是识别转录的起始位置，并使 RNA 聚合酶结合在启动子部位。σ 因子与链的延伸没有关系，一旦转录开始，σ 因子就被释放，剩余四个亚基构成核心酶，链的延伸是由核心酶催化。真核生物的 RNA 聚合酶分三类，即 RNA 聚合酶 Ⅰ、RNA 聚合酶 Ⅱ、RNA 聚合酶 Ⅲ，它们分别催化 rRNA、mRNA 和 tRNA 前体的合成（表 10-1）。

表 10-1 真核生物的 RNA 聚合酶

种 类	Ⅰ	Ⅱ	Ⅲ
转录产物	45S rRNA	hnRNA	5S rRNA,tRNA,snRNA
对鹅膏蕈碱的反应	不敏感	极敏感	中度敏感

由于 hnRNA 为 mRNA 前体，而 mRNA 在各种 RNA 中寿命最短，最不稳定，须经常合成，故 RNA 聚合酶 Ⅱ 被认为是最重要的酶。

二、转录过程

转录也跟复制一样，分起始、延长、终止三个阶段。

1. 起始 RNA 聚合酶正确识别 DNA 模板上的启动子，并形成由酶、DNA 和核苷三磷酸（NTP）构成的三元起始复合物，转录即自此开始。第一个核苷三磷酸与第二个核苷三磷酸缩合生成 $3',5'$ 磷酸二酯键后，则启动阶段结束，进入延伸阶段。

2. 延长 σ 亚基脱离酶分子，留下的核心酶与 DNA 的结合变松，因而较容易继续往前移动。脱离核心酶的 σ 亚基还可与另外的核心酶结合，参与另一转录过程。随着转录不断延伸，DNA 双链顺次地被打开，并接受新来的碱基配对，合成新的磷酸二酯键后，核心酶向前移去，已使用过的模板重新关闭起来，恢复原来的双链结构（图 10-13）。

3. 终止 转录的终止包括停止延伸及释放 RNA 聚合酶和合成的 RNA。在原核生物基因的末端通常有一段终止序列即终止子，RNA 合成就在这里终止。

转录和复制都是一种酶促的核苷酸聚合过程，两者有相似之处，也有明显区别。

两者相似之处如下：①新链合成模板均为 DNA；②原料均为核苷三磷酸；③新链合成的方向均为 $5' \rightarrow 3'$；④产物均为多聚核苷酸链；⑤新链合成与模板遵循碱基互补原则。

两者区别见表 10-2。

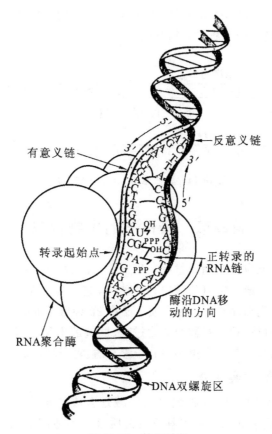

图 10-13 转录过程

表 10-2 复制与转录的区别

种 类	复 制	转 录
模板	DNA 的两条链	DNA 的单链
原料	dNTP	NTP
聚合酶	DDDP	DDRP
碱基配对	A-T;G-C	A-U;T-A;G-C
引物	需 RNA 引物	不需 RNA 引物

三、转录后加工

转录后 RNA 的加工主要指真核生物。真核生物转录生成的 RNA 分子是初级 RNA 转录物,须经复杂的加工,才能成为具有功能的、成熟的 RNA。加工主要在细胞核内进行。

例如,真核生物转录后生成的 mRNA 前体,称为核不均一 RNA(hnRNA),需要进行 5′-末端和 3′-末端的修饰,分别形成 5′帽子结构和 3′多聚腺苷酸(PolyA)尾巴。并对

mRNA 进行剪接(图 10-14),去掉内含子连接外显子,才能成为成熟的 mRNA,被转运到核糖体,作为模板指导蛋白质的生物合成。

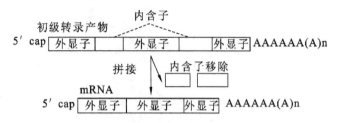

图 10-14 真核生物 hnRNA 的剪接

第四节 蛋白质的生物合成

蛋白质的生物合成也称为翻译过程。以 mRNA 为模板,将 mRNA 的碱基顺序编码的遗传信息依次解读成特定氨基酸序列的肽链,这一过程即为翻译。也就是把核酸分子中 4 种碱基的排列顺序转变为蛋白质分子中 20 种氨基酸的排列顺序。

蛋白质的生物合成包括氨基酸的活化过程、肽链的生物合成过程及肽链形成后的加工过程。蛋白质的合成是一个由多种分子参与的、复杂的耗能过程。

一、参与翻译的重要成分

蛋白质生物合成过程中,20 种编码氨基酸是合成的基本原料;mRNA 是合成的直接模板;tRNA 是氨基酸的运载工具及蛋白质合成的适配器;核糖体是蛋白质合成的场所。蛋白质的生物合成过程中还需要相应的酶、其他蛋白质因子及能源物质等共同参与。

(一)RNA 在翻译中的作用

1. mRNA 是蛋白质生物合成的直接模板 mRNA 含有 DNA 传递的遗传信息,是结构基因的转录产物,指导蛋白质的合成。遗传密码,又称密码子、遗传密码子、三联体密码,指 mRNA 分子按 5′→3′ 方向,从起始密码子 AUG 开始,每三个核苷酸为一组形成的三联体。它代表某种氨基酸起始或终止信号。遗传密码共有 64 种,部分遗传密码如表 10-3 所示。

表 10-3 遗传密码表

| 第一个核苷酸 | 第二个核苷酸 | | | | 第三个核苷酸 |
(5′端)	U	C	A	G	(3′端)
	苯丙氨酸	丝氨酸	酪氨酸	半胱氨酸	U
U	苯丙氨酸	丝氨酸	酪氨酸	半胱氨酸	C
	亮氨酸	丝氨酸	终止码	终止码	A
	亮氨酸	丝氨酸	终止码	色氨酸	G

第一个核苷酸(5′端)	第二个核苷酸				第三个核苷酸(3′端)
	U	C	A	G	
C	亮氨酸	脯氨酸	组氨酸	精氨酸	U
	亮氨酸	脯氨酸	组氨酸	精氨酸	C
	亮氨酸	脯氨酸	谷氨酰胺	精氨酸	A
	亮氨酸	脯氨酸	谷氨酰胺	精氨酸	G
A	异亮氨酸	苏氨酸	天冬酰胺	丝氨酸	U
	异亮氨酸	苏氨酸	天冬酰胺	丝氨酸	C
	异亮氨酸	苏氨酸	赖氨酸	精氨酸	A
	甲硫氨酸（起始码）	苏氨酸	赖氨酸	精氨酸	G
G	缬氨酸	丙氨酸	天冬氨酸	甘氨酸	U
	缬氨酸	丙氨酸	天冬氨酸	甘氨酸	C
	缬氨酸	丙氨酸	谷氨酸	甘氨酸	A
	缬氨酸	丙氨酸	谷氨酸	甘氨酸	G

AUG 是起始密码,同时又是代表甲硫氨酸（蛋氨酸）的密码子;终止密码包括 UAA、UAG、UGA 三种,它们不代表任何氨基酸。除终止密码外,其他 61 种密码均能代表氨基酸。遗传密码有以下特点。

(1) 方向性:mRNA 的读码方向从 5′端至 3′端方向。

(2) 连续性:两个密码子之间无任何核苷酸间隔。mRNA 链上碱基的插入、缺失和重叠,均造成后面遗传密码的改变,即框移突变。

(3) 简并性:指一个氨基酸具有两个或两个以上的密码子。密码子的第三位碱基改变往往不影响代表的氨基酸种类。

(4) 通用性:蛋白质生物合成的整套密码,从原核生物到人类都通用。但已发现少数例外,如动物细胞的线粒体、植物细胞的叶绿体。

2. tRNA 是氨基酸的运载工具 主要是携带氨基酸进入核糖体。tRNA 与 mRNA 是通过反密码子与密码子相互作用而发生关系的。RNA 是通过分子中 3′端的 CCA 来携带氨基酸,携带了氨基酸的 tRNA 称为氨基酰-tRNA。

tRNA 以其反密码环上的反密码子与 mRNA 上的密码子互补结合,从而保证在蛋白质生物合成时,各种氨基酸能按照 mRNA 的密码排列顺序合成多肽链(图 10-15)。

3. rRNA 与多种蛋白质共同构成核糖体,是蛋白质生物合成的场所 核糖体由大、小两个亚基组成。小亚基有与 mRNA 结合的能力。原核生物核糖体上有三个结合位点:①结合氨基酰-tRNA 的位点,称为受位(acceptor site,A 位);②结合肽酰-tRNA 的位点,称为给位(donor site,P 位);③排出 tRNA 的位点,称为出位(exit site,E 位)。A

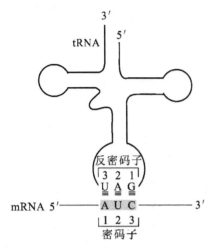

图 10-15　密码子与反密码子

位和 P 位由大、小亚基蛋白质成分共同构成；E 位主要位于大亚基。

A 位和 P 位之间有转肽酶，可催化肽键的形成。当氨基酰-tRNA 结合在 A 位、肽酰-tRNA 结合在 P 位时，两个 tRNA 的反密码子与 mRNA 上的两个相邻密码子互补结合，在转肽酶的催化下，P 位肽酰-tRNA 的肽酰基被转移至 A 位的氨基酰-tRNA 的氨基上，通过肽键相连。在蛋白质生物合成时，核糖体沿着 mRNA5′→3′方向移动，使氨基酸按 mRNA 上的遗传密码依次聚合成多肽链。

（二）蛋白质生物合成酶系和参与因子

参与蛋白质生物合成的重要酶有以下几种：①氨基酰-tRNA 合成酶，存在于胞质中，催化氨基酸的活化；②转肽酶，是核糖体大亚基的组成成分，催化核糖体 P 位上的肽酰基转移至 A 位的氨基酰-tRNA 的氨基上，使酰基和氨基结合形成肽键；③转位酶，催化核糖体向 mRNA 的 3′端移动一个密码子的距离，使下一个密码子定位于 A 位上。

在蛋白质合成的各阶段还需要一些重要的因子参与反应。①需要其他蛋白质因子，如起始因子、延长因子、终止因子或释放因子。②需要无机离子参与，如 K^+、Mg^{2+} 等。③需要 ATP、GTP 作为蛋白质合成的供能物质。

二、蛋白质生物合成过程

蛋白质生物合成基本过程如下：①氨基酸活化与转运；②核糖体循环；③翻译后的加工修饰。肽链的合成方向从氨基端（N 端）向羧基端（C 端）进行。mRNA 的翻译方向则是从 5′→3′。多肽链合成后需要进行加工修饰，才能成为有生物活性的蛋白质。

（一）氨基酸活化与转运

在氨基酰-tRNA 合成酶催化下，氨基酸与其相应的 tRNA 结合成氨基酰-tRNA 的过程，称为氨基酸活化。每个氨基酸活化需消耗 2 个高能磷酸键。

$$\text{氨基酸} + \text{tRNA} + \text{ATP} \xrightarrow[\text{Mg}^{2+}]{\text{氨基酰-tRNA 合成酶}} \text{氨基酰-tRNA} + \text{AMP} + \text{PPi}$$

tRNA 的 3′末端的 CCA—OH 是氨基酸的结合位点，氨基酸活化后形成氨基酰-tRNA。在翻译过程中，是由氨基酰-tRNA 将氨基酸携带到核糖体。

（二）核糖体循环

1. 肽链合成的起始　起始阶段形成起始复合物。起始复合物包括核糖体的大、小亚基，起始 tRNA 和几十个蛋白合成因子，在 mRNA 编码区 5′端形成核糖体-mRNA-起始 tRNA 复合物。原核生物和真核生物的起始物略有不同。原核生物的起始 tRNA 是 fMet-tRNA（甲酰甲硫氨酸）；真核生物的起始 tRNA 是 Met-tRNA。起始物生成除需要 GTP 提供能量外，还需要 Mg^{2+}、NH_4^+ 及起始因子（图 10-16）共同参与。

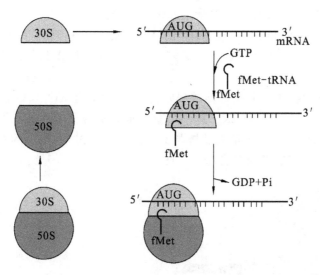

图 10-16　原核生物翻译起始复合物形成过程

2. 肽链的延伸　肽链合成的延伸阶段是指在 mRNA 密码序列的指导下,氨基酸依次进入核糖体并聚合成多肽链的过程。这个过程是在核糖体上连续循环进行的,每次循环分三步,即进位、成肽和转位(图 10-17)。

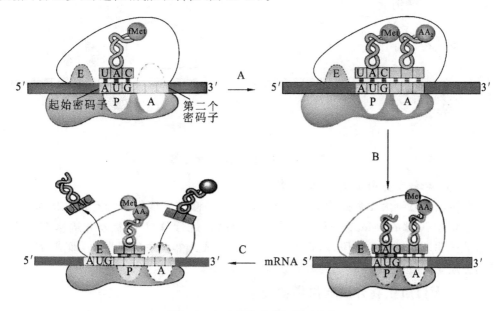

图 10-17　肽链合成的延伸过程

注　A—进位;B—成肽;C—转位。

进位指一个氨基酰-tRNA 按照 mRNA 模板的指令进入并结合到核糖体 A 位的过程。

成肽指在转肽酶的作用下,核糖体 P 位上肽酰-tRNA 的肽酰基转移到 A 位并与 A

位上的氨基酰-tRNA 的 α-氨基结合形成肽键的过程。

转位是在转位酶的催化下,核糖体向 mRNA 的 3′端移动一个密码子的距离,使 mRNA 序列上的下一个密码子进入核糖体的 A 位,而占据 A 位的肽酰-tRNA 移入 P 位的过程。

3. 肽链合成的终止　肽链延伸过程中,当终止密码子 UAA、UAG 或 UGA 出现在核糖体 A 位时,任何氨基酰-tRNA 不能进位,而释放因子 RF 能与终止密码子结合,使转肽酶具有水解酶活性,水解多肽链与 tRNA 之间的酯键,新生的肽链和 tRNA 从核糖体上释放,完成多肽链的合成(图 10-18)。

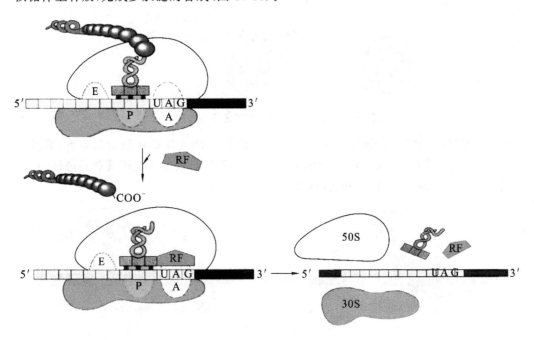

图 10-18　肽链合成的终止过程

（三）翻译后蛋白质的加工修饰

新生的多肽链大多数是没有功能的,必须加工修饰才能转变为有活性的蛋白质。首先要切除 N 端的 fMet 或 Met,还要形成二硫链,进行磷酸化、糖基化等修饰并切除新生肽链非功能所需的片段,然后经过剪接,折叠成天然构象的蛋白质,即成为有功能的蛋白质,并从细胞质中转运到需要该蛋白质的场所。

三、蛋白质生物合成与医学的关系

蛋白质生物合成与遗传变异、进化、免疫、肿瘤发生及药物、毒物作用均有密切关系,故蛋白质生物合成与医学关系密切。

（一）分子病

分子病(molecular disease)是由于遗传上的原因而造成的蛋白质分子结构或合成量的异常而引起的疾病。蛋白质分子是由基因编码,即由 DNA 分子上的碱基顺序决定的。如果 DNA 分子的碱基种类或顺序发生变化，那么由它所编码的蛋白质分子的结构就发生相应的变化，严重的蛋白质分子异常可导致疾病的发生。

镰刀形红细胞性贫血就是典型的分子病，患者的异常血红蛋白 β 链 N 端的第 6 位的谷氨酸被缬氨酸所替代，称为血红蛋白 S（HbS）。迄今已发现的血红蛋白异常达 300 多种，包括由于血红蛋白分子结构异常导致的异常血红蛋白病和血红蛋白肽链合成速率异常导致的血红蛋白病，如地中海贫血。

（二）蛋白质生物合成的干扰和抑制

蛋白质生物合成是很多抗生素和某些毒素的作用靶点。

1. 抗生素 很多抗生素能影响 DNA 的复制、转录及翻译过程，从而抑制蛋白质的合成，使其发挥抗菌、抗肿瘤的作用，达到治疗疾病的目的。例如，博来霉素、丝裂霉素、放线菌素等能抑制 DNA 起模板作用，从而抑制 DNA 的复制，临床上用于治疗白血病、肉瘤等恶性肿瘤；利福霉素、利福平能抑制原核生物 RNA 合成，而对真核生物无明显作用，临床上用于抗结核治疗；链霉素、卡那霉素能抑制蛋白质的翻译过程，从而使蛋白质合成阻断或受抑制；红霉素、螺旋霉素、庆大霉素等对细菌及哺乳动物蛋白质合成的影响各有不同，它们与细菌的核糖体有特异的结合力，而不易结合哺乳动物的核糖体，因而有抗菌作用但不影响哺乳动物的蛋白质合成。

2. 毒素 有些毒素也能阻断蛋白质的合成。例如，白喉毒素、蓖麻毒素能抑制蛋白质合成中肽链的延长。

3. 干扰素 干扰素是真核细胞对各种刺激作出反应而自然形成的一组复杂的蛋白质。干扰素可通过降解 mRNA 或间接使蛋白质合成的起始因子失活，来抑制病毒蛋白质的合成，进而抑制病毒的繁殖，保护宿主。由于干扰素几乎能抵抗所有病毒引起的感染，如水痘、肝炎、狂犬病等病毒引起的感染，因此它是一种抗病毒的特效药。此外，干扰素对治疗乳腺癌、骨髓癌、淋巴癌等癌症和某些白血病也有一定疗效。

体内核苷酸的合成有两条途径，即从头合成和补救合成。从头合成途径是利用氨基酸、二氧化碳、一碳单位和磷酸核糖等简单物质为原料，经过一系列酶促反应，合成核苷酸的过程，是体内提供核苷酸的主要来源。补救合成途径是利用体内现成的碱基或核苷为原料，经过简单的反应过程，合成核苷酸的过程。脑、骨髓的胞质中因为缺乏从头合成的酶系，只能进行补救合成。

嘌呤核苷酸和嘧啶核苷酸从头合成的过程和特点不同；嘌呤核苷酸从头合成是在 PRPP 基础上，经过一系列酶促反应，逐步环化形成嘌呤环的。先生成 IMP，再由 IMP 转变生成 AMP 和 GMP；嘧啶核苷酸从头合成是先合成嘧啶环，再磷酸核糖化生成核苷酸的。

体内脱氧核糖核苷酸的生成主要是在核苷二磷酸水平上进行的。

人体内的嘌呤碱最终被分解生成尿酸,经肾脏随尿排出,尿酸产生增多可引起痛风症。胞嘧啶和尿嘧啶分解最终产物为 NH_3、CO_2、β-丙氨酸。胸腺嘧啶最终分解为 NH_3、CO_2 和 β-氨基异丁酸,这些产物均易溶于水,可随尿排出体外或进一步分解。

遗传信息的传递主要介绍 DNA 的生物合成(复制)、RNA 的生物合成(转录)、蛋白质的生物合成(翻译)三方面。复制是在酶催化下进行的脱氧核糖核苷酸的聚合反应。通过半保留复制的方式进行 DNA 的生物合成,把遗传信息准确地传给子代 DNA。复制需要 dNTP 作为原料,DNA 模板,RNA 引物和各种酶系及蛋白因子。参与复制的酶主要有 DNA 聚合酶、DNA 连接酶、解旋或解链酶及引物酶。DNA 复制的方向为 $5' \rightarrow 3'$。由于 DNA 两条模板链是反向的,DNA 复制表现为半不连续复制。

逆转录是在逆转录酶的催化下,以 RNA 为模板合成 DNA 的过程。这是一些 RNA 病毒遗传信息传递的复制方式,是某些 RNA 病毒致癌的方式之一。

转录是在酶催化下进行的核糖核苷酸的聚合反应。以 DNA 一条链为模板,四种 NTP 为原料,合成 RNA 的过程。转录过程为不对称转录,指导 RNA 合成的 DNA 单链称为模板链或有意义链,相对的 DNA 单链称为编码链或反意义链。催化转录的酶为 RNA 聚合酶。真核生物转录生成的 RNA 分子是初级 RNA 转录物,需经复杂的加工,才能成为具有功能的、成熟的 RNA。

蛋白质是基因表达的产物,其合成体系由氨基酸(原料)、mRNA(模板)、tRNA(转运氨基酸的工具)、核糖体(合成场所)、相应酶系(氨基酰-tRNA 合成酶、转肽酶、转位酶)及蛋白因子、无机离子(K^+、Mg^{2+})和供能物质(ATP、GTP)等组成。蛋白质生物合成过程包括:氨基酸活化与转运;核糖体循环;翻译后的加工修饰。

蛋白质的生物合成在医学上主要与分子病的形成有关。许多抗生素、毒素和干扰素可以阻遏蛋白质的合成。

 能力检测

一、名词解释

1. 半保留复制　2. 复制　3. 转录　4. 翻译　5. 中心法则　6. 遗传密码

二、填空题

1. 核苷酸生物合成的途径有_____和_____。

2. 人体内嘌呤核苷酸分解代谢的最终产物是_____。

3. 别嘌呤醇治疗痛风症的原理是由于其结构与_____相似,并能抑制_____酶的活性。

4. 根据下图回答有关问题:

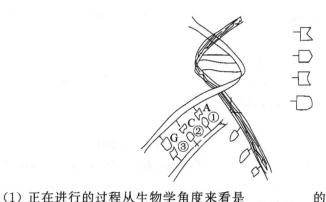

(1) 正在进行的过程从生物学角度来看是_____的过程,又称为_____。

(2) 碱基①②③分别为_____,_____,_____。

三、单项选择题

1. 嘌呤核苷酸从头合成时首先生成的是(   )。

A. GMP   B. AMP   C. IMP

D. ATP   E. GTP

2. 体内嘌呤核苷酸分解的终产物是(   )。

A. 尿素   B. 肌酸   C. 肌酸酐

D. 尿酸   E. β-丙氨酸

3. 体内脱氧核苷酸是由下列哪种物质直接还原而成?(   )

A. 核糖   B. 核糖核苷   C. 一磷酸核苷

D. 二磷酸核苷   E. 三磷酸核苷

4. 自毁容貌征是下列哪种代谢障碍引起的?(   )

A. 嘌呤核苷酸从头合成   B. 嘧啶核苷酸从头合成   C. 嘌呤核苷酸补救合成

D. 嘧啶核苷酸补救合成   E. 嘌呤核苷酸分解代谢

5. dTMP 合成的直接前体是(   )。

A. dUMP   B. TMP   C. TDP

D. dUDP   E. dCMP

6. 在体内能分解为 β-氨基异丁酸的核苷酸是(   )。

A. CMP   B. AMP   C. TMP

D. UMP   E. IMP

7. 在真核细胞染色体 DNA 遗传信息的传递和表达过程中,在细胞核进行的是(   )。

A. 复制和翻译   B. 转录和翻译   C. 复制和转录

D. 翻译   E. 复制、转录和翻译

8. 逆转录酶是一类(   )。

A. DNA 指导的 DNA 聚合酶   B. DNA 指导的 RNA 聚合酶

C. RNA 指导的 DNA 聚合酶　　　　　　　D. RNA 指导的 RNA 聚合酶

E. 引物酶

9. 绝大多数真核生物 mRNA 5′端有（　　）。

A. 帽子结构　　　　　　　B. PolyA　　　　　　　　C. 起始密码

D. 终止密码　　　　　　　E. CCA

10. tRNA 的作用是（　　）。

A. 蛋白质合成模板　　　　　　　　　　B. 蛋白质合成场所

C. 增加氨基酸的有效浓度　　　　　　　D. 把氨基酸带到 mRNA 的特定位置上

E. 把氨基酸带到 DNA 上

11. 蛋白质生物合成中多肽的氨基酸排列顺序取决于（　　）。

A. 相应 tRNA 的专一性　　　　　　　B. rRNA 的一级结构

C. 相应 tRNA 的反密码子　　　　　　D. 相应 mRNA 中核苷酸排列顺序

E. 相应氨基酰-tRNA 合成酶的专一性

12. 蛋白质生物合成的方向是（　　）。

A. C→N　　　　　　　　B. N→C　　　　　　　　C. 5′→3′

D. 3′→5′　　　　　　　　E. 两端同时进行

四、简答题

1. 比较 DNA 复制与转录过程的主要不同点（从模板、原料、主要酶、引物、产物等方面比较）。

2. 什么是遗传密码？简述其基本特点。

3. 三种 RNA 在蛋白质生物合成中各起什么作用？

4. 简要说明蛋白质生物合成的步骤。

（湖南环境生物职业技术学院　罗海勇）

第十一章　物质代谢的联系与调节

熟悉　酶的别构调节和化学修饰调节。

了解　糖、脂类和蛋白质代谢之间的相互联系；物质代谢的三级水平调节。

物质代谢是生命的基本特征。机体在生命活动过程中不断摄入 O_2 及营养物质，在细胞内进行中间代谢（合成、分解、转化），同时不断排出 CO_2 及其他代谢废物，这种机体和环境之间不断进行的物质交换即为物质代谢。各物质代谢之间是相互联系、相互制约、相互依存的关系。人体对物质代谢具有精确的调节能力。

第一节　物质代谢的联系

一、糖、脂类和蛋白质在氧化供能上的联系

各种营养物质在体内均有其独特的代谢途径。糖、脂类、蛋白质均可在体内氧化供能，并有着共同分解规律：乙酰 CoA 是糖、脂类、氨基酸代谢共有的重要中间代谢产物，TAC 是三大营养物质最终代谢途径（图 11-1）。因此，在能量供应上，糖、脂类、蛋白质可以相互替代，相互制约。一般情况下，糖是主要供能物质（50％～70％）；脂类供能较少（10％～40％），主要是储能；蛋白质供能约占 20％。由于糖、脂类、蛋白质分解代谢有共同的通路，所以任何一种供能物质占优势时，常抑制和节约其他供能物质的降解。

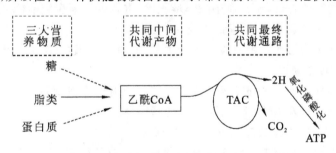

图 11-1　糖、脂类和蛋白质在能量代谢上的相互联系

二、糖、脂类、氨基酸和核酸的相互转变

体内糖、脂类、蛋白质和核酸等的代谢不是彼此独立，而是相互关联的。它们通过共同的中间代谢产物连成整体（图 11-2）。

（一）糖代谢与脂类代谢的相互联系

糖很容易转变为脂肪。糖摄入过多时，除合成糖原外，糖代谢产生大量的乙酰

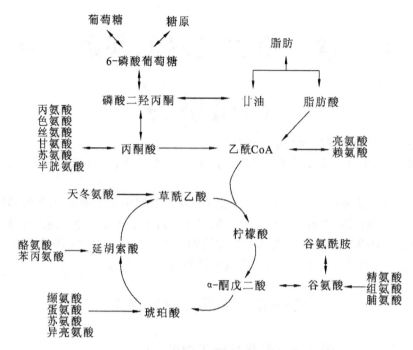

图11-2 糖、脂类和氨基酸代谢途径之间的相互联系

CoA，磷酸戊糖途径活跃提供大量 NADPH，使胞质内合成大量脂肪酸，与糖转变生成的 α-磷酸甘油进一步生成脂肪。因此，长期摄入高糖可引起肥胖和高甘油三酯血症。

脂肪在体内则难转变为糖，因为脂肪分解产生的大量乙酰 CoA 不能异生成糖，尽管甘油可转变为糖，但其量与脂肪分解产生的大量乙酰 CoA 相比微不足道。

当糖严重缺乏或代谢障碍时，脂肪大量动员，乙酰 CoA 及酮体生成增加，而 TAC 及酮体分解不能有效进行，于是血中酮体堆积，严重者可致酮症酸中毒。

（二）糖代谢和氨基酸代谢的相互联系

蛋白质容易转变为糖。蛋白质分解产生的 20 种氨基酸（亮氨酸、赖氨酸除外），均可生成 α-酮酸，转变为糖。

糖不能单独转变为蛋白质。糖代谢产生的 α-酮酸，在有氮源提供的情况下，可氨基化生成某些非必需氨基酸，但不能生成必需氨基酸。

（三）脂类代谢与氨基酸代谢的相互联系

蛋白质可以转变为脂类。因为氨基酸代谢可生成乙酰 CoA 及合成磷脂的特殊原料，乙酰 CoA 又可进一步合成脂肪酸和胆固醇。

脂肪不能单独转变为蛋白质。因为脂类中仅甘油可生成某些非必需氨基酸的碳骨架，其余均不能转变为氨基酸。

（四）核酸与氨基酸代谢的相互关系

氨基酸及其代谢产生的一碳单位、糖代谢磷酸戊糖途径产生的磷酸核糖是体内合成核苷酸的重要原料，可见核酸代谢与氨基酸及糖代谢关系密切。

第二节 物质代谢的调节

体内的代谢过程尽管错综复杂,但却在有条不紊地进行着,其原因在于机体存在着多层次严密的调节机制,以适应生理状态的变化。进化程度越高的生物,其调节系统就越复杂。人和高等动物按其代谢调节水平可分为三个层次:细胞水平代谢调节、激素水平代谢调节及整体水平代谢调节。

一、细胞水平的调节

细胞水平的调节实际上就是酶的调节,是生物体最原始和最基本的调节方式,这也是一切代谢调节的基础,包括细胞内酶的隔离分布、酶结构的调节和酶含量的调节。

(一)细胞内酶的隔离分布

细胞内有多种酶,能催化不同反应的物质代谢与能量代谢,但他们在细胞内不是均匀分布,而是往往隔离分布在不同的亚细胞结构中,这就使得有关代谢途径分别在细胞的不同区域内进行,避免各种代谢途径互相干扰。如脂肪酸的 β-氧化、三羧酸循环在线粒体中进行,而脂肪酸合成、糖异生在胞质中进行,尿素合成在胞质和线粒体中进行。

(二)酶结构的调节

酶结构的调节包括酶的别构调节、酶的化学(共价)修饰调节、酶原激活等方面。

1. 酶的别构调节

某些小分子物质能与酶活性中心外的某一部位特异结合,引起酶蛋白的分子构象发生改变,从而改变酶的活性,这种现象称为酶的别构调节或变构调节。受这种调节作用的酶称为别构酶,能使酶发生别构效应的物质称为别构效应剂。

一方面,别构酶的底物、产物或其他小分子代谢物可作为别构剂,能灵敏地反映代谢途径的强度和能量的供求情况,从而快速、及时地对限速酶进行调节;另一方面,每种别构酶都有别构激活和别构抑制两种调节方式,能保证代谢物或能量不会产生过多而造成浪费,也不会产生太少而满足不了机体的生理需要。

例如:磷酸果糖激酶是糖氧化途径的关键酶之一,其别构激活剂是 ADP,其别构抑制剂是 ATP。当细胞内 ATP 浓度升高时,ATP 与磷酸果糖激酶的别构部位结合,使酶的活性被抑制,从而减慢糖氧化分解的速度,能量不至于产生过多,避免能源的浪费;反之,当 ADP 浓度升高时,酶的活性被激活,氧化分解速度加快,产生更多能量,以满足机体的需要。

2. 酶的化学修饰调节

酶分子肽链上的某些基团可在另一种酶的催化下发生可逆的共价修饰,从而引起酶活性的改变,这个过程称为酶的化学修饰。如磷酸化和脱磷酸化、乙酰化和去乙酰化、甲基化和去甲基化等,其中磷酸化和脱磷酸化作用在物质代谢调节中最为常见。

例如:糖原磷酸化酶有两种形式,即有活性的磷酸化酶 a 和无活性的磷酸化酶 b,两者可以互相转变。磷酸化酶 b 在磷酸化酶 b 激酶催化下,转变为磷酸化酶 a 而活化;

磷酸化酶 a 也可在磷酸化酶 a 磷酸酶催化下转变为磷酸化酶 b 而失活。

化学修饰调节是体内酶活性较经济、效率高的一种调节方式。由于化学修饰是酶促反应，酶的催化效率高，因此具有放大效应，效率较别构调节高。

3. 酶原激活

在细胞内首先合成无活性酶的前体（酶原），再通过蛋白酶的作用释放出一些氨基酸或肽，转变成有活性的酶蛋白，这一过程称为酶原激活。酶原激活是不可逆的过程，具体内容参见第四章相关内容。

（三）酶含量的调节

1. 酶蛋白合成的诱导与阻遏

酶的底物或产物、激素及药物等都可以影响酶的合成。加速酶合成的化合物称为诱导剂，诱导酶的生成，在生物界相当普遍。某些激素（如胰岛素）可诱导糖酵解及脂肪酸合成的关键酶，从而促进糖的氧化利用及脂肪酸的合成；减少酶合成的化合物称为阻遏剂，如食物中胆固醇能阻遏肝脏、骨髓中合成胆固醇的关键酶（HMG-CoA 还原酶）的合成，从而减少内源性胆固醇的合成。

2. 酶蛋白的降解

通过改变酶蛋白分子的降解速度，也能调节酶的含量。例如，饥饿时精氨酸酶的降解速度减慢，从而使该酶活性升高。

二、激素水平的调节

激素是由内分泌腺合成分泌的一类物质，通过血液运至特定的靶细胞而传递信息。通过激素调节体内的代谢，是高等动物体体内代谢调节的主要方式。激素作用的特点是微量、高效、有放大效应，且有较高的组织特异性与作用效应特异性，这都是由于各靶细胞上有各种激素特异受体分布的原因。

根据激素受体在细胞中的定位，可将激素的作用机制分成两大类。

1. 膜受体激素

这类激素的靶细胞受体都在细胞膜表面，膜受体激素包括胰岛素、生长激素、胰高血糖素、肾上腺素等。这些激素都是亲水性的，不能穿过细胞膜，故不能进入靶细胞，而只在细胞表面与受体结合，结合的结果是使细胞内产生第二信使（如 cAMP），再引起一系列反应而使激素发挥的作用。

2. 胞内受体激素

脂溶性激素包括类固醇激素、肾上腺糖皮质激素、性激素、甲状腺素等，它们透过细胞膜进入靶细胞内，与相应的胞内受体结合，形成激素-受体复合物后，引起受体的构象变化，形成活性复合物，再移入细胞核内与 DNA 特定调控区结合，影响基因表达，进而促进或抑制蛋白质或酶的合成，调节细胞内酶的含量，从而实现对物质代谢的调节。

总之，激素对物质代谢的调节是在细胞水平调节的基础上进行的，主要通过对酶的调控来实现，因此微量的激素就能产生强烈的代谢效应。

三、整体水平的调节

整体调节就是神经-体液调节。人类生活的内、外环境是不断变化的,机体可通过整体调节,来适应内、外环境的变化,维持正常的生理功能。下面以饥饿和应激为例说明整体调节的过程。

(一)饥饿

1. 短期饥饿

短期饥饿(1～3 d)过程是指胰岛素减少、胰高血糖素增加,从而引起体内一系列的代谢改变:肌肉蛋白质分解加强,糖异生作用加强,脂肪分解加速等。

在饥饿过程中,由于生化代谢的激烈变化,人体必然产生体脂消耗和肌肉分解,而引起消瘦、乏力,生理上必需的热能主要来自脂肪(占 80%以上)和蛋白质分解,血中酮体上升,可能发生酮症及酸中毒。对饥饿患者补充葡萄糖是"雪中送炭",不但能防止酮症及酸中毒,而且每 100 g 葡萄糖即可节约 50 g 肌肉蛋白质。

2. 长期饥饿

长期饥饿时,如有水供应,能支持一个月左右。此时肌肉蛋白质分解减少,以保证人体基本的生理功能。脂肪动员进一步加强。对酮体利用增强,尤其是大脑,超过葡萄糖。肾脏的糖异生作用显著增强,几乎与肝脏相等。生命维持时间主要取决于脂肪储存的量。

(二)应激

应激指人体受到一些异乎寻常的刺激(如创伤、剧痛、冻伤、缺氧、中毒、感染及剧烈情绪波动等)所作出一系列反应的紧张状态。应激时交感神经兴奋,下丘脑促肾上腺皮质激素释放激素和脑垂体促肾上腺皮质激素分泌增加,以致引起肾上腺糖皮质激素和肾上腺髓质激素分泌的增加,同时胰岛素等分泌相应减少,使肝糖原分解及血糖浓度升高,糖异生加速,脂肪动员和蛋白质分解加强,机体呈负氮平衡。相应的合成代谢被抑制,最终使血中葡萄糖、脂肪酸、酮体、氨基酸等浓度相应升高,使机体各组织能及时得到充足能源和营养物质的供应,有效地应付紧急状态,安然渡过险情,但机体消瘦、乏力,并消耗氧。当然,机体应付应激的能力是有一定限度的,若长期应激的消耗也会导致机体衰竭而危及生命。

小 结

物质代谢是生命的基本特征。各种营养物质在体内均有其独特的代谢途径,但也存在共同分解规律。乙酰 CoA 是糖、脂类、氨基酸代谢共有的重要中间代谢物,TAC 是三大营养物质最终代谢途径。在能量供应上,糖、脂类、蛋白质可以相互替代,相互制约。

糖、脂类、蛋白质和核酸等的代谢不是彼此独立,而是相互关联的,它们通过某些共同的中间产物连成整体。糖、脂类和蛋白质在一定条件下、一定程度上可以相互转变,氨基酸和糖代谢产物是核苷酸合成的原料。

物质代谢受到机体严密的调控,使之与机体生理需要和外界环境的变化相适应。人和高等动物按其代谢调节水平可分为三个层次:细胞水平代谢调节,激素水平代谢调节及整体水平代谢调节。细胞水平的调节是一切代谢调节的基础,包括细胞内酶的隔离分布、酶结构的调节和酶含量的调节。别构调节和化学修饰调节是两种重要的酶结构调节方式,它们是代谢过程中限速酶活性的快速调节方式。酶含量的调节,需要的时间长,属于迟缓调节。

 能力检测

一、名词解释

1.酶的别构调节　　2.酶的化学修饰调节

二、填空题

1. 糖、脂类、氨基酸代谢共有的重要中间代谢产物是_____,_____是三大营养物最终代谢途径。

2. 物质代谢的调节包括_____、_____和_____三级水平。

3. 水溶性激素与靶细胞_____受体结合发挥调节作用,而脂溶性激素则与靶细胞_____受体结合发挥调节作用。

三、单项选择题

1. 糖、脂类、氨基酸氧化分解时,进入三羧酸循环的主要物质是(　　)。

A.丙酮酸　　　　　　　　B.α-磷酸甘油　　　　　　C.乙酰 CoA

D.草酰乙酸　　　　　　　E.α-酮戊二酸

2. 细胞水平的调节通过下列机制实现,但(　　)应除外。

A.变构调节　　　　　　　B.化学修饰　　　　　　　　C.酶原的激活

D.激素调节　　　　　　　E.酶含量调节

3. 别构剂调节的机制是(　　)。

A.与必需基团结合　　　　B.与调节亚基或调节部位结合

C.与活性中心结合　　　　D.与辅助因子结合

E.与活性中心内的催化部位结合

4.长期饥饿时,大脑的能量来源主要是(　　)。

A.葡萄糖　　　　　　　　B.氨基酸　　　　　　　　　C.甘油

D.酮体　　　　　　　　　E.糖原

四、简答题

糖、脂类、氨基酸和核酸在体内能否相互转变?如何相互转变?

(湖南环境生物职业技术学院　赵忠桂)

第十二章　癌基因与基因治疗

学习目标

掌握　癌基因和抑癌基因的概念及它们与肿瘤之间的关系。

熟悉　基因治疗的概念及应用。

了解　原癌基因的活化机制；抑癌基因的作用机制；基因治疗的基本程序。

　　肿瘤是一种严重危害人类生存健康的疾病，应尽早进行诊断并寻找治疗的有效方法。弄清楚肿瘤的发生机制是攻克肿瘤的关键所在。

　　研究表明，肿瘤是由环境因素和遗传因素相互作用引起的。肿瘤的发生与基因改变有关。细胞的正常生长与增殖由两大类基因调控：一类是癌基因（oncogene），促进细胞生长和增殖，并阻止其发生终末分化；另一类是抑癌基因（antioncogene），抑制细胞增殖，促进细胞的分化、成熟和衰老，最后凋亡。这两类信号相互拮抗，维持平衡，对正常细胞的生长、增殖和凋亡进行精确地调控。当这两类基因中任何一种或它们共同变化时，都可引起细胞增殖失控而导致肿瘤的发生。

第一节　癌　基　因

一、癌基因

　　癌基因是细胞内控制细胞生长，具有潜在诱导细胞恶性转化的基因。在癌基因异常表达时，其产物可使细胞无限制分裂。癌基因分为病毒癌基因和细胞癌基因。

（一）病毒癌基因

　　病毒癌基因是指存在于肿瘤病毒中的、能使靶细胞发生恶性转化的基因。根据核酸组成不同，肿瘤病毒分为 DNA 病毒和 RNA 病毒（大多数是逆转录病毒）。

知识链接

癌基因的发现

　　癌基因最早发现于鸡肉瘤病毒。1911 年，Rous 发现将含肉瘤病毒的鸡肉瘤无细胞滤液注入正常鸡体内可诱发新的肿瘤。因此，Rous 于 1966 年在 85 岁时获得诺贝尔生理医学奖。致瘤的基因被命名为癌基因 src。1974 年，J. M. Bishop 和 H. Varmus 发现，癌基因 src 也存在于正常细胞的基因组中（称为细胞癌基因），并发现细胞癌基因在维持细胞的正常功能方面也起着重要作用。

现已鉴定出数十种病毒癌基因,并认为病毒癌基因是在长期进化过程中,病毒从动物宿主细胞中摄取了细胞癌基因,进而将其转导到病毒本身基因组中形成的。

(二)细胞癌基因

细胞癌基因是指存在于生物正常细胞基因组中的癌基因,又称原癌基因。它是细胞本身遗传物质的组成部分,在正常情况下,这些基因处于静止或低表达状态,不仅对细胞无害,而且对维持细胞正常功能有重要作用。当它受到物理、化学致癌物和病毒等外界因素的作用被"激活"而失去正常功能时,将会导致细胞的恶性转化。

细胞癌基因(原癌基因)广泛分布于生物界,从单细胞酵母、无脊椎生物到脊椎动物乃至人类的正常细胞都存在着这些基因,且结构上有很大的同源性,说明这类基因在进化上高度保守,是生命活动所必需的。但在某些因素作用下,基因的结构发生异常或表达失控,必然导致细胞生长增殖和分化异常,使细胞恶变形成肿瘤。

二、原癌基因的活化机制

原癌基因是细胞基因组的正常成员。在正常细胞中不会导致细胞癌变,相反,它在细胞的分裂、增殖、成熟、分化等过程中发挥着必不可少的作用。但是,原癌基因的异常激活又是导致肿瘤发作的重要原因。原癌基因的激活方式主要有以下几种。

(一)点突变

原癌基因在物理或化学因素作用下,可能引发单个碱基发生改变,从而改变表达蛋白的氨基酸组成,导致蛋白质结构的异常。这是最常见的机制。

(二)启动子与增强子插入

逆转录病毒感染细胞后,强启动子和增强子插入到原癌基因附近或内部,并使之激活,则使原癌基因过度表达或由不表达变为表达,导致细胞癌变发生。

(三)原癌基因扩增

基因结构本身正常,但由于原癌基因数量的增加或表达活性的增加,导致产生过量的表达蛋白质,从而细胞出现癌变。

(四)染色体易位

染色体易位和重排,使原来无活性或低表达的原癌基因重排至强启动子或增强子附近而被激活,原癌基因表达增强,导致肿瘤的发生。

第二节 抑 癌 基 因

人们在发现原癌基因的异常激活可导致肿瘤发生后,又发现了另一类与肿瘤发生相关的基因,即抑癌基因。

一、抑癌基因的概念

抑癌基因是指抑制细胞过度生长、增殖,从而遏制肿瘤形成的一类基因,又称为抗癌基因。正常细胞内,调控生长的原癌基因和调控抑制生长的抑癌基因相互制约、协调表达,共同调控细胞生长和分化。当细胞生长到一定程度时,抑癌基因高表达,原癌基因则不表达或低表达。因此,原癌基因激活及过量表达与肿瘤的形成有关,而抑癌基因的丢失、突变、失活也可导致肿瘤的发生。

二、抑癌基因的作用机制

抑癌基因的分离鉴定研究晚于原癌基因,目前仅对 Rb 和 p53 两种抑癌基因的作用比较清楚。

(一) Rb 基因

Rb 基因(视网膜母细胞瘤基因)是最早发现的抑癌基因,最初发现于儿童的视网膜母细胞瘤(Rb)中,因此称为 Rb 基因。正常情况下,视网膜细胞含有活性的 Rb 基因,控制着视网膜细胞的生长发育及视觉细胞的分化。当 Rb 基因异常(基因缺失或基因突变),则失去正常功能,造成视网膜细胞生长失控、异常增殖,并导致肿瘤发生。Rb 基因异常还常见于乳腺癌、骨肉瘤、肝癌等多种肿瘤产生的过程中,说明 Rb 基因的抑癌作用有一定的广泛性。

(二) p53 基因

p53 基因位于人 17 号染色体 p13,因其编码的蛋白质(P53)相对分子质量为 53×10^3 而命名。具有癌基因作用的都是 p53 突变体,即突变 p53,而野生型 p53 在维持细胞正常生长、抑制恶性增殖中起着重要作用,有“基因卫士”之称,是一种抑癌基因。当 p53 突变后,失去了野生型 p53 抑制肿瘤增殖的作用,而本身又具备了癌基因功能。p53 基因是迄今为止发现的与人类肿瘤相关性最高的基因。

第三节　基因治疗

现代医学对肿瘤、遗传病、糖尿病、心脑血管疾病及艾滋病等疾病仍然缺乏特效的根治方法。由于以往的传统治疗不能从源头上根治疾病,而这些疾病的发生都和基因的变异有关,所以理想的根治手段是采取基因治疗。

一、基因治疗的概念

基因治疗是在基因水平上纠正和调节基因的变异,从而达到治疗目的的方法。从广义上来讲,将某种遗传物质转移到患者细胞内,使其在体内发挥作用,以治疗疾病的方法,均称为基因治疗。

二、基因治疗的基本程序

(一) 治疗性基因的选择

基因治疗的首要问题是选择对疾病有治疗作用的特定目的基因。对于单基因缺陷的遗传病来说,其野生型基因可被用于基因治疗。

(二) 基因载体的选择

目前使用的携带治疗性基因的载体有两类:病毒载体和非病毒载体。一般选用病毒载体。

（三）靶细胞的选择

根据受体细胞的种类，基因治疗分为体细胞和生殖细胞两类基因治疗。但出于安全性和伦理性的考虑，目前禁止使用生殖细胞进行基因治疗。

（四）基因转移

基因治疗的一个重要环节是如何有效地把外源性基因导入受体细胞。体内基因导入的方式有两种。一种为直接体内疗法，即将外源性基因直接导入体内有关的组织细胞并进行表达。另一种是间接体内疗法，即在体外将外源性基因导入靶细胞内，再将这种基因修饰过的细胞回输到患者体内，使带有外源性基因的细胞在体内表达相应产物，从而达到治疗的目的。

三、基因治疗的应用和展望

基因治疗作为一种全新的疾病治疗手段，发展非常迅速。1990年，人类历史上第一个基因治疗方案应用于一个患有腺苷脱氨酶缺乏症的4岁女孩，并获得成功。目前已被批准的基因治疗方案有百种以上，在肿瘤、艾滋病、遗传病、心脑血管病等方面进行了大量的实验研究，有些疾病的基因治疗已进入临床阶段。

目前，基因治疗还处于发展的早期，还有许多理论、技术和伦理问题有待探讨，对于其潜在的风险也需要有充分的认识。如何使外源基因在体内的表达实现安全、高效、可控，目前还没有很好的办法。尽管人类基因治疗还存在一些问题，但相信随着研究的不断发展，基因治疗技术必将为人类多种疑难疾病的治疗带来巨大的突破，基因治疗的成功将对人类健康作出非凡的贡献。

癌基因分为病毒癌基因和细胞癌基因，细胞癌基因又称为原癌基因。病毒癌基因源于细胞癌基因。病毒癌基因可使宿主细胞发生恶性转化，形成肿瘤。正常的癌基因是细胞正常的基因成分，调节细胞的正常生长与分化。当原癌基因被激活时，基因结构发生变化或表达失控，导致细胞恶变形成肿瘤。原癌基因被激活的方式有以下四种：①点突变；②启动子与增强子插入；③原癌基因扩增；④染色体易位。

抑癌基因是一类控制细胞生长的负向调节基因，与原癌基因协调表达、相互制约，维持细胞的正常生长、增殖、分化。抑癌基因的缺失或突变失活不仅会丧失抑癌作用，而且变成具有促癌效应的癌基因，可引起肿瘤的发生。

人类的绝大多数疾病都与基因变异密切相关。从基因水平采取针对性的手段，矫正疾病紊乱状态，是医学发展的新方向。基因治疗是一种全新的医疗方法，目前很多方案已进入实验室甚至临床阶段，虽然还有一些问题没有很好的解决办法，但随着研究的不断进行，基因治疗必将对攻克很多疑难疾病作出前所未有的贡献，从而大大提高人类的健康水平。

能力检测

一、名词解释

1. 原癌基因　2. 癌基因　3. 抑癌基因

二、简答题

1. 试述肿瘤的发生与癌基因及抑癌基因之间的关系。

2. 原癌基因的活化机制有哪些？

3. 什么是基因治疗？其应用与前景如何？

（邢台医学高等专科学校　王健华）

第十三章　血液的生物化学

掌握　血浆蛋白质的生理功能;2,3-二磷酸甘油酸支路的生理意义。

熟悉　红细胞成熟过程中的代谢变化;红细胞中的氧化还原体系。

了解　血红素的生物合成过程及调节。

血液是由有形成分(红细胞、白细胞和血小板)和液体成分(血浆)组成。正常人体血液总量约占体重的8%,血浆占全血容积的55%～60%,血液的密度为1.05～1.06 g/cm³,pH值为7.35～7.45。血液不仅为组织细胞输送氧气和营养物质,带走二氧化碳和代谢废物,而且血液还是组织器官相互联系、相互作用的重要途径。

第一节　血浆蛋白质的分类与功能

血浆蛋白质是血浆中含量最多的固体成分,正常含量为60～80 g/L。血浆蛋白质种类繁多,功能多样,蛋白质的含量差别很大。

一、血浆蛋白质的分类

用不同的分离方法可将血浆蛋白质分为不同的种类。用盐析法(加入硫酸铵)将血浆蛋白质分为清蛋白(也称为白蛋白)和球蛋白,清蛋白含量与球蛋白含量的比值(A/G)为(1.5～2.5):1;用醋酸纤维薄膜电泳法可将血清蛋白分为清蛋白、α_1-球蛋白、α_2-球蛋白、β-球蛋白和 γ-球蛋白等五条区带(图 13-1);用聚丙烯酰胺凝胶电泳法则可将血浆蛋白质分为三十多条区带;用等电聚焦电泳与聚丙烯酰胺电泳组合的双向电泳法,可将血浆蛋白质分成一百余种。目前临床上较多采用简便快速的醋酸纤维薄膜电泳法,所获得的血清蛋白种类及正常含量见表 13-1。

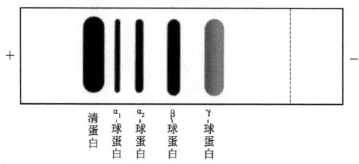

图 13-1　血清蛋白醋酸纤维薄膜电泳结果示意图

表 13-1 血清蛋白电泳结果

种 类	清 蛋 白	球 蛋 白			
		α_1	α_2	β	γ
生成部位	肝脏	大部分在肝脏			浆细胞
构成比/(%)	62～71	3～4	6～10	7～11	9～18

二、血浆蛋白质的功能

(一) 维持血浆胶体渗透压

血浆胶体渗透压是由血浆蛋白质浓度决定的。由于清蛋白含量高(38～48 g/L)，且分子量小(69 kD)，清蛋白所产生的胶体渗透压占血浆胶体渗透压的 75%～80%，是胶体渗透压的主要成分，对维持水分在血管内、外的分布平衡起重要作用。当血浆蛋白质，尤其是清蛋白浓度过低时，血浆胶体渗透压下降，导致组织间隙水分潴留，引起组织水肿，常见于肝功能不良和慢性肾炎患者。

(二) 维持血浆正常 pH 值

正常血浆 pH 值为 7.35～7.45，血浆蛋白质的等电点多在 4.0～7.3 之间，所有血浆蛋白质在血浆中以弱酸形式存在，其中一部分解离，与钠离子结合为弱酸盐。血浆蛋白盐与相应蛋白形成缓冲体系，可缓冲进入血液的酸、碱，参与维持血浆 pH 值的相对恒定。

(三) 运输作用

血浆蛋白质可以与多种物质结合，帮助其在血液中运输。血浆清蛋白可与脂肪酸、胆红素、甲状腺激素、二价金属离子(如 Ca^{2+}、Cu^{2+})和多种药物等结合。球蛋白中有许多专一性运输蛋白，如运铁蛋白、铜蓝蛋白、血红素结合蛋白等。运输蛋白对被转运的物质的代谢有调节作用，如解毒、防止经肾脏丢失等。

(四) 凝血和抗凝血作用

血液中有各种凝血因子，它们绝大多数是血浆蛋白质，如凝血酶原、纤维蛋白原等，它们参与凝血过程。另外，有些血浆蛋白质具有拮抗凝血和溶解凝血产物的作用，如抗凝血酶、纤溶蛋白酶原。凝血物质、抗凝血物质和纤溶物质相互作用、相互制约，共同维持血液循环的通畅。

(五) 免疫作用

人体对入侵的病原体能产生特异的抗体，抗体属于血浆蛋白质。血浆蛋白质中还有一组蛋白酶，称为补体，可协助抗体发挥作用。

(六) 催化作用

血浆中有许多酶，可分为血浆功能酶和非血浆功能酶。血浆功能酶在血浆中发挥催化作用，如凝血酶。非血浆功能酶不在血浆中发挥催化功能，而是由其他组织器官逸入血浆中的酶，又可分为外分泌酶和细胞酶。外分泌酶是由外分泌腺分泌的酶，正常条件下可少量进入血浆，如胰淀粉酶。当外分泌腺受损时，血浆中相应的酶含量增加。细胞酶是组织细胞中参与物质代谢的酶。正常情况下,随着细胞的更新,少量细胞酶可进入血浆。当特定组织器官病变时,细胞受损或细胞膜通透性改变,细胞酶可大量进入血浆,如急性肝炎时,血浆中 ALT 活性显著增高。

（七）营养作用

血浆蛋白质可以被组织细胞摄取,分解利用。分解产生的氨基酸进入氨基酸代谢库,可用于合成组织蛋白质或其他含氮化合物。饥饿时,血浆蛋白质可被氧化分解,提供能量。

第二节　红细胞代谢特点

一、红细胞成熟过程中的代谢变化

红细胞是血液中最主要的细胞,它是在骨髓中由造血干细胞定向分化而成的红系细胞。红细胞系统的增生发育过程是:多能干细胞→单能干细胞→原始红细胞→早幼红细胞→中幼红细胞→晚幼红细胞→网织红细胞→成熟红细胞。从多能干细胞到晚幼红细胞是有核细胞,能进行细胞分裂。晚幼红细胞以后细胞即不再分裂,发育过程中核被排出而成为网织红细胞。网织红细胞含有少量 RNA,用煌焦油蓝染色时成网状,故名网织红细胞。网织红细胞进一步成熟,RNA 消失成为成熟红细胞。成熟红细胞的寿命约为 120 d。

在成熟过程中,红细胞发生一系列形态、结构和代谢的改变(表 13-2)。网织红细胞因失去细胞核不能进行分裂增殖。成熟红细胞除细胞膜外,缺乏细胞核和全部细胞器,除不能分裂增殖外,还不能进行核酸、蛋白质、血红素和脂类等物质的合成代谢,也不能进行糖、脂肪、氨基酸等物质的有氧氧化和氧化磷酸化。但成熟红细胞可进行糖酵解和磷酸戊糖途径。

表 13-2　红细胞成熟过程中的结构和代谢变化

细胞结构和代谢变化	有核红细胞	网织红细胞	成熟红细胞
细胞核	+	−	−
细胞器	+	+	−
分裂增殖	+	−	−
物质合成	+	+	−
有氧氧化	+	+	−
糖酵解	+	+	+
磷酸戊糖途径	+	+	+

注　+ 表示该途径"有"或"能";− 表示该途径"无"或"不能"。

二、红细胞的糖代谢特点

葡萄糖是成熟红细胞的主要能源物质。红细胞从血液中摄取的葡萄糖,90%～95%经糖酵解分解利用,5%～10%经磷酸戊糖途径进行代谢。

(一)糖酵解

1. 糖酵解的作用 红细胞中糖酵解途径与其他组织细胞基本相同。代谢产生的ATP主要用于红细胞膜离子泵(钠泵和钙泵)的功能,以维持红细胞内、外离子平衡,维持膜的可塑性。一方面,缺乏 ATP 时,引起红细胞膜内、外 Na^+ 或 K^+ 浓度的失常,导致红细胞膨胀甚至破裂;另一方面,Ca^{2+} 沉积于细胞膜,使膜失去柔韧性而趋僵硬,应变能力降低,流经脾血窦时易被破坏。

2. 2,3-二磷酸甘油酸支路 红细胞中的糖酵解与其他组织的不同点是:存在 2,3-二磷酸甘油酸(2,3-DPG)支路。红细胞中含有1,3-二磷酸甘油酸变位酶和 2,3-二磷酸甘油酸磷酸酶。前者催化糖酵解的中间产物 1,3-二磷酸甘油酸转变成 2,3-DPG,后者催化2,3-DPG水解,生成 3-磷酸甘油酸。这一2,3-DPG的侧支循环称为 2,3-DPG 支路(图13-2)。正常情况下 2,3-DPG 磷酸酶活性低,使 2,3-DPG 生成大于分解,使红细胞中 2,3-DPG 含量升高。

3. 2,3-二磷酸甘油酸支路的生理功能
2,3-二磷酸甘油酸支路的主要功能是调节血红蛋白的携带氧能力,它与氧合血红蛋白

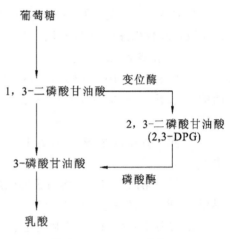

图 13-2 2,3-DPG 支路

(HbO_2)结合,可降低血红蛋白(Hb)对 O_2 的亲和力,促进 HbO_2 释放 O_2,供组织细胞利用。当肺换气不良时,如严重阻塞性肺气肿患者,动脉血氧分压下降,红细胞中2,3-DPG浓度增加,促进 HbO_2 释放更多 O_2,供组织利用。

(二)磷酸戊糖途径与氧化还原体系

红细胞的磷酸戊糖途径的生理意义是提供 NADPH,后者能维持细胞内还原型谷胱甘肽的含量,使红细胞避免内源性和外源性氧化剂的损伤。红细胞在代谢过程中,会产生 H_2O_2 等氧化剂,这些氧化剂可氧化红细胞中蛋白质和酶的巯基及磷脂中的不饱和脂肪酸。还原型谷胱甘肽(GSH)可将 H_2O_2 还原为 H_2O,而自身被氧化为氧化型谷胱甘肽(GSSG)。GSSG 在谷胱甘肽还原酶催化下由 NADPH 供氢重新还原为 GSH。

由于氧化作用,红细胞中可产生少量高铁血红蛋白(MHb)。MHb 中的铁为三价,不能携带氧,血中 MHb 过多会影响运氧功能,患者可因缺氧出现发绀等症状。红细胞中的 NADH-MHb 还原酶和 NADPH-MHb 还原酶可促进 MHb 还原为 Hb。

第三节 血红蛋白的合成与调节

红细胞中最重要的成分是血红蛋白,血红蛋白是由珠蛋白和血红素结合而成的。珠蛋白的生物合成与一般蛋白质相同。血红素是铁卟啉化合物,是血红蛋白的辅基,也是肌红蛋白、细胞色素、过氧化物酶、过氧化氢酶等的辅基。参与血红蛋白合成的血红素主要在骨髓的幼期红细胞和网织红细胞中合成。

一、血红素的合成

(一)合成的原料和部位

合成血红素的基本原料是甘氨酸、琥珀酰 CoA 和 Fe^{2+}。血红素合成的起始和最后阶段在线粒体进行,中间阶段在胞质中进行。

(二)合成过程

1. δ-氨基-γ-酮戊酸(ALA)的合成 在线粒体内,甘氨酸与琥珀酰 CoA 在 ALA 合酶的催化下,缩合生成 ALA。ALA 合酶是血红素合成的限速酶,其辅酶为磷酸吡哆醛。

2. 胆色素原的生成 ALA 扩散到胞质,2 分子 ALA 脱水缩合成 1 分子胆色素原。

3. 尿卟啉原Ⅲ与粪卟啉原Ⅲ的生成 在胞质中,4 分子胆色素原脱氨缩合成尿卟啉原Ⅲ,进一步脱羧生成粪卟啉原Ⅲ。

4. 血红素的生成 粪卟啉原Ⅲ进入线粒体,经反应生成原卟啉Ⅸ,后者在亚铁螯合酶作用下与 Fe^{2+} 螯合,生成血红素(图 13-3)。

二、血红蛋白的合成

血红素由线粒体转入胞质后与珠蛋白的亚基结合,每个亚基结合一个血红素分子,四个亚基构成一个血红蛋白分子。血红蛋白分子包括两个 α-亚基和两个 β-亚基,具有四级结构。

三、血红素与血红蛋白合成的调节

(一)ALA 合酶活性的调节

ALA 合酶是血红素合成过程中的限速酶,许多因素可影响此酶的活性。血红素反馈抑制该酶的活性。血红素生成过程中产生的高铁血红素,对 ALA 合酶的活性有强烈抑制作用,并且能阻遏该酶的生物合成。某些固醇类激素可诱导该酶的生物合成,如雄性激素。

(二)促红细胞生成素的作用

促红细胞生成素(erythropoietin,EPO)是肾脏分泌的一种糖蛋白,能加速血红素、血红蛋白及有核红细胞的增殖分化。组织缺氧是促进 EPO 合成释放增多的主要原因。严重肾疾患会伴有贫血和 EPO 合成减少,目前临床上已用 EPO 治疗部分贫血患者。

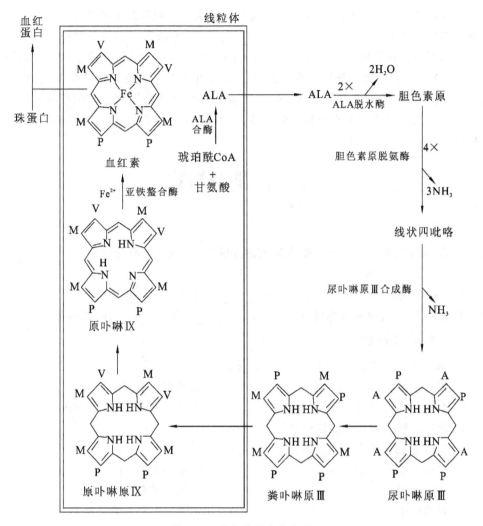

图 13-3　血红素的生物合成

（三）血红素对血红蛋白合成的调节

珠蛋白的合成受血红素的调控，高铁血红素可促进珠蛋白的合成，从而增加血红蛋白的合成。

血液是由有形成分（红细胞、白细胞和血小板）和液体成分（血浆）组成。血浆蛋白质是血浆中含量最多的固体成分，其含量为 $60\sim80$ g/L。血浆蛋白质种类繁多，功能多样，蛋白质的含量差别很大。用不同的分离方法可将血浆蛋白质分为不同的种类。血浆蛋白质具有维持血浆胶体渗透压和 pH 值、运输、凝血和抗凝血、免疫、催化和营养等作用。成熟红细胞无细胞核和细胞器。葡萄糖是成熟红细胞的主要能源物质。红细胞从血液中摄取的葡萄糖,90％～95％经糖酵解分解利用,5％～10％经磷酸戊糖途径代谢。红细胞中的糖酵解与其他组织的不同点是存在 2,3-二磷酸甘油酸(2,3-DPG)支路,2,3-DPG 的主要功能是调节血红蛋白的携带氧能力。血红素是铁卟啉化合物,是血红蛋白的辅基,参与血红蛋白合成的血红素主要在骨髓的幼期红细胞和网织红细胞中合成。合成血红素的基本原料是甘氨酸、琥珀酰 CoA 和 Fe^{2+},ALA 合酶是血红素合成的限速酶。

能力检测

一、填空题

1. 醋酸纤维薄膜电泳可以把血清蛋白分成五条区带,它们分别是_____、_____、_____、_____和_____。

2. 成熟红细胞糖酵解的特点是存在_____支路。

3. 血红素合成的基本原料有_____、_____和_____,限速酶是_____。

二、单项选择题

1. 关于成熟红细胞的特点,下列哪项是错误的?(   )

A. 没有细胞核和细胞器　　　　　　　B. 具有分裂增生能力

C. 不能合成蛋白质、脂类和血红素　　D. 不含有 DNA 和 RNA

E. 能进行糖酵解和磷酸戊糖途径

2. 血浆蛋白质不具有的功能是(   )。

A. 维持血浆晶体渗透压　　　　　　　B. 维持血浆 pH 值

C. 运输作用　　　　　　　　　　　　D. 免疫作用

E. 营养作用

3. 血红素合成的主要原料是(   )。

A. 丙氨酸　　　　　　　B. 谷氨酸　　　　　　　C. 琥珀酸

D. 琥珀酰 CoA　　　　　E. Fe^{3+}

三、简答题

1. 血浆蛋白质具有哪些生理功能?

2. 何谓 2,3-DPG 支路?2,3-DPG 有哪些生理功能?

3. 血红素合成的原料和关键酶是什么?

(邢台医学高等专科学校　王晓凌)

第十四章　肝的生物化学

掌握 肝生物转化的概念、特点及反应类型；胆红素生成与转运、胆红素在肝细胞内的转化；黄疸的概念与类型。

熟悉 肝在糖、脂类、蛋白质、维生素及激素代谢中的作用；胆汁酸的类型与功用。

了解 胆汁酸的肠肝循环；胆红素的肠肝循环。

　　肝是人体体内最大的腺体，具有多种多样的代谢功能，被称为物质代谢的中枢。肝不仅在糖、脂类、蛋白质、维生素和激素等物质代谢中处于中心地位，而且还具有生物转化、分泌、排泄等方面的生理功能。

　　肝之所以有复杂多样的代谢功能，是由其组织结构和化学组成特点决定的。①肝具有双重的血液供应：既可通过肝动脉获得氧气和代谢物，又可从门静脉获得由消化道吸收而来的营养物质。②肝具有两条输出通道：一条是通过肝静脉，可将营养物质及代谢产物，随血液运送到肝外其他组织，或由尿排出体外；另一条是通过胆道系统，将一些代谢产物排入肠道，或由粪便排出体外。③肝细胞含有丰富的酶，已知的酶类有数百种之多，且许多酶是肝所特有的。

第一节　肝在物质代谢中的作用

一、肝在糖代谢中的作用

　　肝在糖代谢中的重要作用是维持机体在不同状态下血糖浓度的相对恒定，以保证各组织器官的能量供应。肝发挥上述功能主要是从糖原的合成、分解及糖异生作用三个方面来完成。

　　进食后，肝将大量的葡萄糖合成肝糖原储存起来，从而使过高的血糖降到正常水平；空腹时，血糖浓度下降，肝糖原迅速分解为葡萄糖补充血糖；当饥饿超过 12 h 以上时，肝糖原绝大部分已被消耗掉，肝通过糖异生途径，将一些非糖物质转变为糖，从而补充血糖。

　　当肝功能受到严重损害时，维持血糖浓度恒定的能力下降，在进食后容易发生高血糖，而在空腹或饥饿时又易发生低血糖。所以，肝功能受损的人，在糖代谢方面表现为"饱不得，饿不得"。

二、肝在脂代谢中的作用

肝在脂类的消化吸收、分解、合成及运输中均起着重要的作用。

（一）消化吸收

肝细胞分泌的胆汁酸是脂类物质及脂溶性维生素消化、吸收所必需的。当肝细胞受损和胆道阻塞时，可出现食欲下降、厌油腻食物、脂肪泻、脂溶性维生素缺乏等症状。

（二）分解

肝除了进行脂肪酸 β-氧化外，还是体内产生酮体的唯一器官。当饥饿时，脂肪动员增加，脂肪酸 β-氧化增强，产生酮体供肝外组织利用。当血糖供应不足时，酮体成为大脑和肌肉等组织的主要能源。

（三）合成

肝是体内合成甘油三酯、胆固醇及其酯和磷脂的主要器官。

（四）运输

肝合成的高密度脂蛋白（HDL）和极低密度脂蛋白（VLDL），能将肝内合成的脂类运到肝外组织加以利用。当肝功能受损时，脂蛋白合成减少，影响肝内脂肪的转运，可导致脂肪肝。

知识链接

脂肪肝

脂肪肝是脂肪在肝内大量堆积所引起的一种代谢性疾病，若总脂肪量超过肝重量的5％，即称脂肪肝。引起脂肪肝的原因是多方面的。①营养过剩：脂肪在体内过多堆积而发生肥胖，造成脂肪肝。②营养不良：长期饥饿或胃肠道消化吸收障碍，造成机体蛋白质不足，形成载脂蛋白的原料匮乏，甘油三酯在肝内蓄积。③长期大量饮酒：乙醇可造成肝细胞代谢紊乱，加之饮酒者食欲多降低，食物中的胆碱摄入减少，使肝内载脂蛋白合成受阻，多余的甘油三酯难以被大量清除。④中毒：某些药物和化学物，如过量服用或密切接触四环素、砷、银、汞、巴比妥、黄曲霉素等，可使载脂蛋白合成受阻，肝内甘油三酯不能被代谢排泄。另外，还有一些疾病也是导致脂肪肝的原因，如糖尿病等。

三、肝在蛋白质代谢中的作用

（一）肝是合成蛋白质的重要器官

肝除了合成自身的结构蛋白质外，还合成全部的清蛋白、部分球蛋白、凝血酶原等。通过这些蛋白质的作用，肝在维持血浆胶体渗透压、凝血作用、血压恒定和物质代谢等方面都起着重要的作用。

若肝功能严重受损时，血浆清蛋白合成减少，导致水肿、腹腔积液和清蛋白与球蛋白的比值（A/G）下降，甚至倒置；同时，由于凝血酶的代谢紊乱可引起凝血障碍。

（二）肝是氨基酸代谢的主要器官

氨基酸在肝内进行转氨基、脱氨基、脱羧基等反应。肝细胞内转氨酶含量高，特别是丙氨酸氨基转移酶（ALT）活性较其他组织高。

肝功能受损时，肝细胞内的 ALT 释放入血，血清中 ALT 活性升高，这可作为诊断肝炎的主要指标之一。

（三）肝是合成尿素的主要器官

通过鸟氨酸循环合成尿素，以解除氨毒是肝的重要功能。这是因为肝具有将有毒的氨转变为无毒的尿素的一系列酶，合成的尿素将随尿排出体外。

当肝功能衰竭时，尿素合成障碍，血氨升高，造成高血氨症，严重时可引起神经系统症状，甚至肝昏迷。

四、肝在维生素代谢中的作用

（一）肝是储存维生素的重要器官

肝是维生素 A、D、E、K 及 B_{12} 的主要储存场所，其中所含的维生素 A 占体内总量的 95％。

（二）肝促进脂溶性维生素的吸收

肝所分泌的胆汁酸可促进脂溶性维生素的吸收，长期肝病或胆道阻塞可引起脂溶性维生素吸收不良，并导致某些维生素的缺乏。

（三）肝是多种维生素代谢的重要场所

如维生素 PP 可在肝中转化为辅酶 I（NAD^+）和辅酶 II（$NADP^+$）的组成成分；泛酸可转化为辅酶 A（CoA-SH）的组成成分；维生素 B_1 可转化为焦磷酸硫胺素（TPP）；肝还可将胡萝卜素转变成维生素 A；维生素 K 还能参与肝细胞中凝血因子的合成。肝病严重时，可出现夜盲症或凝血机制障碍。

五、肝在激素代谢中的作用

肝是激素灭活的主要场所。许多激素在发挥其调节作用后，主要在肝内被分解转化、降低或失去其生物活性，称为激素的灭活。

当肝功能受损时，激素的灭活作用降低，血中相应的激素水平升高，出现某些临床体征。例如，体内的雌激素等水平升高，可出现男性乳房女性化、蜘蛛痣等现象；胰岛素水平升高易导致低血糖等。

第二节　肝的生物转化作用

一、生物转化的概念和特点

非营养物质经过氧化、还原、水解和结合反应，使其极性改变，而易于排出体外的过程称为生物转化作用。

肝是体内生物转化的主要器官，肾、肠、肺、皮肤等组织也有少量的生物转化能力。

  非营养物质,既不能作为构成组织细胞的结构成分,又不能氧化供能,其中,许多物质对机体有一定的毒性作用。其来源有以下两点。①内源性:指体内代谢产生的各种生物活性物质,如激素、胆红素、氨和胺类等。②外源性:指由外界进入体内的药物、毒物、有机农药、色素及食品添加剂等物质,以及肠道吸收的腐败产物,如胺、硫化氢等。

  生物转化的特点如下。①多样性:一种物质在体内可进行多种生物转化反应。如乙酰水杨酸水解生成的水杨酸既可与甘氨酸发生结合反应,又可与葡萄糖醛酸进行结合反应,还可以参与氧化反应。②连续性:非营养物质的生物转化反应是一个比较复杂的过程,往往要按一定顺序进行连续的反应。例如:解热镇痛药非那西汀在肝内氧化生成对乙酰氨基酚(即扑热息痛),但其在血浆中只有 25% 呈解离状态,不易直接排出体外。当其与葡萄糖醛酸发生结合反应,99% 以上解离成离子状态,增大了水溶性,则很容易随尿排出体外。③解毒与致毒的双重性:在大多数情况下,因通过生物转化,能使生物活性物质、药物等物质的生物活性降低或消失,或使有毒物质降低或失去毒性,所以生物转化是一种生理解毒作用,对机体是一种保护。然而,它也并不都是解毒作用,有些物质经过生物转化后反而使毒性增加或具有致癌作用。例如,多环芳烃类化合物——苯并芘,其本身没有致癌作用,但经过生物转化后反而成为具有强致癌活性的环氧化物。

二、生物转化的类型

  生物转化的化学反应包括两相反应,即第一相反应和第二相反应。

  第一相反应包括氧化、还原和水解反应。有些物质经过第一相反应后,其分子中的某些非极性基团转变为极性基团,水溶性增加,即可充分代谢或迅速排出体外。但多数非营养物质如药物或毒物等经过第一相反应后,其极性改变不够大,常续以第二相反应。

  第二相反应是与某些极性更强的物质(如葡萄糖醛酸、硫酸、乙酰基、谷胱甘肽、甘氨酸等)结合,增加溶解度,便于排出体外。其中,以葡萄糖醛酸的结合反应最为重要和普遍,葡萄糖醛酸的供体为 UDPGA(尿苷二磷酸葡萄糖醛酸)。第二相反应,是体内最重要的生物转化方式。

知识链接

药物与年龄

  影响生物转化的因素是多方面的。年龄对生物转化过程的影响,表现在肝微粒体酶功能在最初出生和未成年时机体尚未发育成熟,老年后又开始衰退。在一般情况下,幼年及老年机体对外来化合物的代谢及解毒能力较弱,外来化合物的损害作用也较强,所以老年人和幼儿要谨慎用药。

第三节 胆汁酸代谢

一、胆汁酸的生成

胆汁酸是胆汁的主要成分,是脂类消化吸收所必需的一类物质。肝对胆汁酸的合成与排泄是胆固醇降解的主要途径,也是清除胆固醇的主要方式。正常人每天合成的胆固醇总量约有 40%(0.4~0.6 g)在肝内转变为胆汁酸,并随胆汁排入肠道。胆汁酸按其来源不同可分为初级胆汁酸和次级胆汁酸两大类。

(一)初级胆汁酸的生成

在肝细胞中以胆固醇为原料直接合成的胆汁酸称为初级胆汁酸。

在肝细胞中,胆固醇首先在胆固醇 7α-羟化酶的催化下生成 7α-羟胆固醇,再经多步酶促反应生成初级游离型胆汁酸,主要有胆酸和鹅脱氧胆酸。它们分别与牛磺酸或甘氨酸结合形成初级结合型胆汁酸,包括甘氨胆酸、牛磺胆酸、甘氨鹅脱氧胆酸和牛磺鹅脱氧胆酸。这种结合作用使其极性增强,亲水性更大,有利于胆汁酸在肠腔内发挥其促进脂质消化吸收的作用。

胆固醇 7α-羟化酶是胆汁酸合成的限速酶,其活性受胆汁酸浓度的反馈抑制。口服消胆胺或纤维素多的食物能促进胆汁酸排泄,解除对 7α-羟化酶的抑制,加速胆固醇转化为胆汁酸,可起到降低血清胆固醇的作用。甲状腺激素可促进 7α-羟化酶的合成,故甲亢患者血清胆固醇浓度较低。

(二)次级胆汁酸的生成

初级结合型胆汁酸可随胆汁排入肠道,受细菌作用使结合型胆汁酸成为游离型胆汁酸,再经 7α-脱羟反应胆酸转变成脱氧胆酸,鹅脱氧胆酸转变成为石胆酸。脱氧胆酸和石胆酸即为次级游离型胆汁酸。在肠道中,石胆酸因为溶解度小,几乎不被重吸收;脱氧胆酸重吸收后回到肝细胞,与甘氨酸和牛磺酸结合分别形成甘氨脱氧胆酸和牛磺脱氧胆酸,两者被称为次级结合型胆汁酸。

胆汁中所含的胆汁酸以结合型的为主。胆汁中的初级胆汁酸和次级胆汁酸均以钠盐或钾盐的形式存在,形成相应的胆汁酸盐,简称胆盐。

(三)胆汁酸的肠肝循环

进入肠道的各种胆汁酸,95%可由肠道重吸收入血,再经门静脉重新入肝,肝细胞将游离型胆汁酸再转化成结合型胆汁酸,并同新合成的结合型胆汁酸一同再随胆汁排入肠道,这一过程称为胆汁酸的肠肝循环。未被重吸收的胆汁酸(主要为石胆酸)随粪便排出,每天 0.4~0.6 g。胆汁酸的肠肝循环可使有限的胆汁酸发挥最大限度的乳化作用,使食物中脂类的消化吸收得以顺利进行。

二、胆汁酸的功用

(一)促进脂类的消化和吸收

胆汁酸是较强的乳化剂,能和卵磷脂、胆固醇、脂肪或脂溶性维生素等物质形成混合微团,促进脂类乳化,有助于脂类的消化和吸收。

（二）维持胆汁中胆固醇的溶解状态

胆汁酸通过与卵磷脂的协同作用,与脂溶性的胆固醇形成可溶性微团,促进胆固醇溶解于胆汁中,使之不易结晶、析出和沉淀,经胆道转运至肠道排出体外。因此,胆汁酸有防止胆结石生成的作用。

知识链接

胆结石的成因

胆结石是由胆汁淤滞、细菌感染和胆汁成分改变互相影响而形成的。胆汁是肝细胞所分泌的,每天 $800\sim1000$ mL。胆汁的主要成分除了水分外,主要还含有胆盐、胆固醇、脂肪酸、卵磷脂、胆红素和无机盐等物质。胆固醇在胆汁中的含量增加是形成胆结石的基本原因。预防胆结石,要注意饮食调节,少摄入高胆固醇食品。有人认为,我国北方中年妇女胆石症增多的原因与妊娠期和产后大量食用鸡肉和猪肉有关,多吃含维生素 A 的水果与蔬菜,如胡萝卜、菠菜、苹果等,有利于胆固醇代谢,可减少结石的形成。

第四节　胆色素代谢

胆色素是铁卟啉类化合物在体内分解代谢的主要产物,包括胆红素、胆绿素、胆素原和胆素等化合物。这些物质主要随胆汁排出体外,其中胆红素居于胆色素代谢的中心,是胆汁中的主要色素。

一、胆红素的生成

胆红素 80％左右来自衰老红细胞中血红蛋白的分解,其余则来自肌红蛋白、细胞色素、过氧化氢酶及过氧化物酶等含铁卟啉的化合物。

正常红细胞的平均寿命为 120 d,衰老的红细胞在肝、脾和骨髓的单核-吞噬细胞的破坏下,释放出的血红蛋白分解为珠蛋白和血红素。珠蛋白按一般蛋白质代谢途径进行代谢;血红素在微粒体中经血红素加氧酶的催化,释放出 CO、Fe^{3+},生成胆绿素。胆绿素经胆绿素还原酶催化生成胆红素。

胆红素为橙黄色,脂溶性很强,极易透过生物膜。当透过血-脑脊液屏障进入脑组织,可产生黄疸,影响脑细胞的正常代谢及功能,故胆红素是人体的一种内源性毒物。

二、胆红素在血液中的运输

胆红素生成后进入血液,主要以胆红素-清蛋白复合体的形式存在,并进行运输。这种结合既增加了胆红素在血浆中的溶解度而有利于运输,又限制了胆红素自由通过生物膜进入细胞,尤其是消除或限制了对脑细胞的毒性作用。

胆红素与清蛋白结合后,不能经肾小球滤过而随尿排出,故尿中无此种胆红素。由于该胆红素还没有进入肝进行生物转化的结合反应,故又称未结合胆红素。

正常情况下,血浆中的清蛋白足以结合全部胆红素,从而阻止了胆红素进入组织产生毒性作用。但当血中胆红素浓度升高、超出清蛋白结合能力时,可促使胆红素从血浆向组织转移,所以临床上对高胆红素患者静脉滴注血浆来解除胆红素的毒性作用。某些有机阴离子(如磺胺药、脂肪酸、水杨酸、甲状腺素等)可同胆红素竞争与清蛋白结合,从而导致胆红素游离出来而毒害细胞。所以黄疸时,要避免用这类有机阴离子药物。

三、胆红素在肝中的转化

肝细胞对胆红素有极强的亲和力。当胆红素-清蛋白复合物随血液运输到肝后,胆红素与清蛋白分离,迅速被肝细胞摄取。胆红素与肝细胞中的 Y 蛋白和 Z 蛋白结合,被转移至内质网。在内质网上,胆红素与葡萄糖醛酸结合,生成葡萄糖醛酸胆红素,也称结合胆红素。

结合胆红素为水溶性极强的物质,不易透过细胞膜,其毒性大为降低。这种转化既有解毒作用,又有利于随胆汁排泄。结合胆红素可被肾小球滤过而随尿排出。

四、胆红素在肠中的转化和胆素原的肠肝循环

结合胆红素随胆汁排入肠道后,在肠道细菌的作用下脱去葡萄糖醛酸基,还原生成无色的胆素原族化合物(包括中胆素原、粪胆素原、尿胆素原等)。大部分胆素原随粪便排出体外,在肠道下段与空气接触,被氧化为胆素。胆素呈黄褐色,是粪便颜色的主要来源。正常成人每天从粪便排出的粪胆素原和粪胆素 $40\sim280$ mg。当胆道完全阻塞时,结合胆红素入肠受阻,不能生成(粪)胆素原和(粪)胆素,因此粪便呈灰白色。

肠道中生成的胆素原 $10\%\sim20\%$ 可被肠黏膜细胞重吸收,经门静脉入肝。其中大部分再随胆汁排入肠道,形成胆素原的肠肝循环。小部分进入体循环经肾随尿排出,即为尿胆素原。当接触空气后被氧化成尿胆素,成为尿液颜色的主要来源。

现将胆红素代谢概括为图 14-1。

五、血清胆红素与黄疸

由于肝对胆红素强大的处理能力,使胆红素的生成与排泄处于动态平衡,因此正常人血清中胆红素的含量甚微,总量小于 $17.1~\mu mol/L$,主要是未结合胆红素。

体内胆红素生成过多,或肝细胞对胆红素摄取、转化、排泄能力下降等因素均可引起血浆胆红素浓度的升高,称为高胆红素血症。胆红素为橙黄色物质,过量的胆红素可扩散进入组织造成黄染,这一体征称为黄疸。由于皮肤、巩膜等含有较多的弹性蛋白,对胆红素有较强的亲和力,这些组织极易黄染。黄疸的程度取决于血清胆红素的浓度。如血清胆红素浓度不超过 $34.2~\mu mol/L$ 时,肉眼不易观察到巩膜和皮肤的黄染,称为隐性黄疸;当血清胆红素浓度超过 $34.2~\mu mol/L$ 时,黄染十分明显,称为显性黄疸。

根据不同原因,黄疸可分为三种类型。

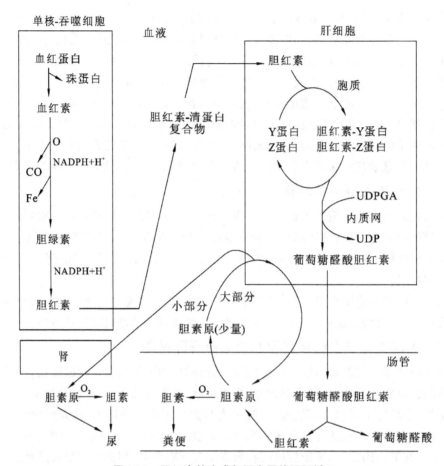

图 14-1　胆红素的生成与胆素原的肠肝循环

（一）溶血性黄疸

由于红细胞大量被破坏，单核-吞噬细胞产生的胆红素过多，超过肝细胞的摄取、转化和排泄能力。恶性疟疾、某些药物及输血不当等均可造成溶血性黄疸。其特征如下。

（1）血清未结合胆红素含量增高，结合胆红素浓度改变不大。

（2）尿中没有胆红素，尿胆素原升高。

（3）粪便排出的胆素原增多，粪便颜色加深。

（二）阻塞性黄疸

由于胆道阻塞，胆汁排泄通道受阻，在肝内生成的结合胆红素返流入血，造成血清胆红素升高，出现黄疸，称为阻塞性黄疸。常见于胆管炎症、肿瘤、结石或先天性胆道闭塞等疾病，其特征如下。

（1）血清结合胆红素浓度升高，未结合胆红素浓度无明显改变。

（2）尿胆素原减少，尿胆红素强阳性。

（3）由于胆红素排泄受阻，肠道形成胆素原和胆素减少，使粪便颜色变浅或呈陶土色。

（三）肝细胞性黄疸

由于肝细胞受损，肝功能障碍，使其摄取、结合、转化和排泄胆红素的能力降低，造成血中胆红素升高，称为肝细胞性黄疸。此类黄疸常见于肝实质性病变，如肝炎、肝硬化、肝肿瘤等。其特征如下。

（1）肝不能将未结合胆红素全部转化为结合胆红素，使血中未结合胆红素升高；同时，结合胆红素不能顺利排入胆汁，返流入血，使血中结合胆红素也升高。

（2）尿胆素原含量变化不定，尿胆红素阳性。

（3）结合胆红素在肝内生成减少，粪便颜色变浅。

三种黄疸类型血、尿、粪的变化见表14-1。

表 14-1 三种类型黄疸患者血、尿、粪的变化

标本	指 标	正 常	溶血性黄疸	阻塞性黄疸	肝细胞性黄疸
血清	结合胆红素	无或极微	不变或微增	增加	增加
	未结合胆红素	有	增加	不变或微增	增加
尿	尿胆红素	无	无	有	有
	尿胆素原	少量	显著增加	减少或无	不定
粪便	颜色	黄褐色	加深	变浅或陶土色	变浅或正常

知识链接

新生儿生理性黄疸

新生儿很容易出现的黄疸有生理性和病理性之分。生理性黄疸，是新生儿时期特有的一种现象，由于胎儿在宫内低氧环境下，血液中的红细胞生成过多，且这类红细胞多不成熟，易被破坏，胎儿出生后，造成胆红素生成过多，约为成人的两倍；另一方面，由于新生儿肝脏功能不成熟，使胆红素代谢受限制，造成新生儿在一段时间出现黄疸现象。新生儿出生后2～3 d出现黄疸，7～10 d消退，为生理性黄疸，在黄疸期间多喂温开水或葡萄糖水利尿，不需特殊治疗。

肝独特的组织结构和化学组成，赋予了其众多的重要功能。肝不仅是多种物质代

谢的中枢,而且还具有生物转化、分泌和排泄的功能。

　　肝通过肝糖原的合成与分解、糖异生来维持血糖水平的相对恒定。肝是氧化脂肪酸产生酮体的器官,是合成脂肪、磷脂和胆固醇的重要器官,并合成 VLDL 及 HDL,参与脂肪和胆固醇的转运。肝的蛋白质合成与分解都非常活跃,氨主要在肝内经鸟氨酸循环合成尿素而解毒。肝是储存和代谢维生素的重要部位。肝也是许多激素灭活的场所。

　　进入体内的或体内自身代谢产生的非营养物质,都可在肝内进行生物转化,从而增加水溶性,改变毒性或药理作用,使之易随胆汁或尿液排出。生物转化作用包括第一相反应(氧化、还原、水解反应)和第二相反应(结合反应)。

　　肝是胆固醇转变成胆汁酸的场所。胆汁酸包括初级胆汁酸和次级胆汁酸,分别又分成游离型和结合型。胆汁酸的肠肝循环能使有限的胆汁酸反复利用,以满足脂类物质消化、吸收的需要。

　　胆红素主要来自血红蛋白中血红素的分解。胆红素为脂溶性,对细胞有毒害作用。在血液中与清蛋白结合成复合物而运输至肝,并被肝细胞摄取,在肝中与葡萄糖醛酸结合变成水溶性的葡萄糖醛酸胆红素,再随胆汁排入肠腔,在肠道细菌作用下,胆红素还原成胆素原。大部分的胆素原随粪便排出,小部分被重吸收入肝,再经胆道排入肠道,形成"胆素原肠肝循环"。其中被肠壁重吸收的胆素原,少量进入体循环由尿排出。正常人血清胆红素含量很少,当胆红素过多,就可引起黄疸。按其原因可以分为溶血性、阻塞性和肝细胞性三类黄疸,其血、尿、粪中胆色素的变化可协助鉴别诊断。

 能力检测

一、名词解释

1. 生物转化　2. 黄疸　3. 结合胆红素

二、填空题

1. 肝通过_____、_____与_____作用来维持血糖浓度的相对恒定。

2. 肝在激素代谢中的作用是_____。

3. 黄疸的类型有_____、_____、_____。

4. 胆固醇在_____内转变成_____是清除体内胆固醇的主要方式。

5. 胆色素包括以下四种:_____、_____、_____和_____。

三、单项选择题

1. 严重肝功能损害时,吸收减少的维生素是(　　)。

A. 维生素 PP　　　　B. 维生素 B_1　　　　C. 维生素 C　　　　D. 维生素 K

2. 体内生物转化作用最强的器官是(　　)。

A. 肾脏　　　　　　B. 胃肠道　　　　　　C. 肝脏　　　　　　D. 肌肉

3. 生物转化过程最重要的作用是( )。

A. 使毒物的毒性降低 B. 使非营养物质极性增强,利于排泄

C. 使生物活性物质灭活 D. 使某些药物药效更强或毒性增加

4. 体内能转变成胆汁酸的物质是( )。

A. 葡萄糖 B. 脂肪酸 C. 胆固醇 D. 氨基酸

5. 属于初级游离胆汁酸的是( )。

A. 甘氨胆酸 B. 石胆酸 C. 脱氧胆酸 D. 鹅脱氧胆酸

6. 下列哪种物质是次级游离型胆汁酸?( )

A. 鹅脱氧胆酸 B. 甘氨胆酸 C. 牛磺胆酸 D. 脱氧胆酸

7. 血浆中运输胆红素的载体是( )。

A. 清蛋白 B. α-球蛋白 C. γ-球蛋白 D. Y蛋白

8. 胆红素在肝中结合以下哪种物质形成结合胆红素?( )

A. 葡萄糖 B. 葡萄糖醛酸 C. 硫酸 D. 甘氨酸

9. 生物转化的第二相反应包括( )。

A. 氧化 B. 还原 C. 结合 D. 水解

10. 胆红素在肝中的生物转化反应是( )。

A. 氧化反应 B. 还原反应 C. 水解反应 D. 结合反应

11. 下列化合物哪一个不是胆色素?( )

A. 血红素 B. 胆绿素 C. 胆红素 D. 胆素原族

12. 发生溶血性黄疸时,( )。

A. 血中结合胆红素增加 B. 粪胆素原减少

C. 尿胆素原增加 D. 尿中出现胆红素

四、多项选择题

1. 由于肝功能异常,可能引起的疾病有( )。

A. 黄疸 B. 高血糖 C. 脂肪肝

D. 高血氨 E. 胆结石

2. 肝中可进行的代谢有( )。

A. 酮体的生成 B. 酮体的利用 C. 胆固醇的合成

D. 脂肪的合成 E. 胆汁酸的合成

3. 下列哪些符合结合胆红素的特点?( )

A. 无毒性 B. 水溶性 C. 可以透过细胞膜

D. 可以由尿排出 E. 不能透过细胞膜

4. 生物转化第一相反应包括( )。

A. 氧化反应 B. 还原反应 C. 结合反应

D. 水解反应 E. 羟化反应

五、简答题

1. 生物转化的概念及主要反应类型有哪些?

2. 什么是胆汁酸的肠肝循环? 胆汁酸的生理功能是什么?

3. 生物转化有哪些反应类型?

4. 肝在胆色素代谢中的作用是什么?

5. 为什么肝病患者容易出现厌油腻、脂肪肝、黄疸、肝昏迷、胆结石等症状?

(邢台医学高等专科学校　王健华)

能力检测参考答案

第一章　绪论(略)

第二章　蛋白质的结构与功能

一、名词解释(略)

二、填空题

1.碳　氢　氧　氮

2.氮　16

3.氨基酸　排列顺序

4.α-螺旋　β-折叠　β-转角　无规则卷曲

5.分子表面的水化膜　同种电荷

三、单项选择题

1.D　2.B　3.D　4.B　5.D　6.A　7.C　8.A

四、简答题

1.以负离子形式存在,因为血浆的 pH 值大于血浆蛋白的等电点。蛋白质颗粒在溶液中电离的方式,受所处溶液的 pH 值影响。当蛋白质溶液处于等电点时,蛋白质游离成正、负离子的趋势相等,成为两性离子,净电荷为 0;蛋白质溶液的 pH 值大于等电点时,该蛋白质颗粒带负电荷;反之则带正电荷。

2.略

第三章　核酸的结构与功能

一、名词解释(略)

二、填空题

1.核苷酸　戊糖　碱基　磷酸

2.腺嘌呤　鸟嘌呤　胞嘧啶　胸腺嘧啶　尿嘧啶

3.双螺旋　超螺旋　三叶草形　倒"L"形

4."帽子结构"(m7GpppN)　"尾巴结构"(多聚 A 或 polyA)

三、单项选择题

1.C　2.C　3.D　4.C　5.D

四、简答题(略)

第四章　酶

一、名词解释

1.酶的必需基团在空间彼此靠近,形成具有特定空间结构的区域,能与底物特异结合并催化底物转化为产物,这一区域称为酶的活性中心。

2~5.略

二、填空题

1.酶蛋白　辅助因子

2.竞争性　非竞争性　酶活性中心外　底物浓度

3.竞争性

4.抑制剂　底物浓度　强(或:底物浓度　抑制剂　弱)

5.巯基　活性

三、单项选择题

1.C　　2.B　　3.C　　4.C　　5.D　　6.C　　7.E　　8.B　　9.C

四、简答题

1～4.略

5.对磺胺类药物敏感的细菌在生长繁殖时,不能直接利用环境中的叶酸,而是在菌体内二氢叶酸合成酶的催化下,由对氨基苯甲酸、二氢蝶呤、谷氨酸合成二氢叶酸,二氢叶酸再进一步还原成四氢叶酸。四氢叶酸是细菌合成核苷酸不可缺少的辅酶。磺胺类药物与对氨基苯甲酸结构相似,是二氢叶酸合成酶的竞争性抑制剂,它可抑制二氢叶酸的合成,进而影响四氢叶酸的合成,抑制了细菌的生长繁殖。人体能直接利用食物中的叶酸,所以不受磺胺类药物干扰。

第五章　维生素

一、名词解释(略)

二、填空题

1.脂溶性维生素　水溶性维生素

2.$1,25-(OH)_2D_3$　焦磷酸硫胺素(TPP)　FMN　FAD　磷酸吡哆醛　磷酸吡哆胺
四氢叶酸(FH_4)　NAD^+　$NADP^+$

3.叶酸　B_{12}

三、单项选择题

1.E　　2.C　　3.A　　4.C　　5.A　　6.C　　7.C　　8.C　　9.B

10.B

四、简答题(略)

第六章　生物氧化

一、名词解释(略)

二、填空题

1.加氧　脱氢　失电子

2.2.5　1.5

3.α-磷酸甘油穿梭　苹果酸-天冬氨酸穿梭

4.底物水平磷酸化　氧化磷酸化

三、单项选择题

1.D　　2.D　　3.C　　4.B　　5.B　　6.D　　7.B　　8.D　　9.D

10. E   11. B   12. D   13. D

四、简答题（略）

第七章　糖代谢

一、名词解释（略）

二、填空题

1. 糖酵解　糖的有氧氧化　磷酸戊糖途径　糖酵解　糖的有氧氧化

2. NADPH　5-磷酸核糖

3. 己糖激酶　磷酸果糖激酶　丙酮酸激酶

4. 4　3　1

5. 糖原合酶　磷酸化酶

6. 肝　肾　乳酸　丙酮酸　甘油　生糖氨基酸

7. 3.9～6.1 mmol/L

三、单项选择题

1. A   2. A   3. E   4. D   5. C   6. E   7. B   8. A   9. D

10. C   11. D   12. C   13. A

四、简答题（略）

第八章　脂类代谢

一、名词解释（略）

二、填空题

1. 脂肪　类脂

2. 三酰甘油　磷脂　胆固醇　胆固醇酯　游离脂肪酸　血浆脂蛋白　脂肪酸-清蛋白复合物

3. CM　VLDL　LDL　HDL

4. 脱氢　加水　再脱氢　硫解　2　乙酰 CoA　脂酰 CoA

5. 乙酰乙酸　β-羟丁酸　丙酮

6. α-磷酸甘油　脂酰 CoA

7. 胆汁酸　类固醇激素　维生素 D_3

三、单项选择题

1. D   2. D   3. B   4. A   5. C   6. D   7. A   8. A   9. C

10. D   11. E

四、简答题（略）

第九章　氨基酸代谢

一、名词解释（略）

二、填空题

1. 氮的总平衡　氮的正平衡　氮的负平衡

2. 氧化脱氨基　转氨基　联合脱氨基　联合脱氨基作用

3.30～50 g　80 g

4.丙氨酸氨基转移酶（ALT）　天冬氨酸氨基转移酶（AST）

5.碱性肥皂液　碱性

6.谷氨酰胺

三、单项选择题

1.A　　2.D　　3.C　　4.B　　5.C　　6.E　　7.A　　8.A　　9.A

10.C　　11.B　　12.E　　13.E　14.D　　15.A　　16.D　　17.D

18.C　　19.D　20.D　　21.D

四、简答题（略）

第十章　核酸代谢和蛋白质的生物合成

一、名词解释（略）

二、填空题

1.从头合成途径　补救合成途径

2.尿酸

3.次黄嘌呤　黄嘌呤氧化酶

4.(1)以 DNA 为模板合成 RNA　转录　(2)U　G　C

三、单项选择题

1.C　　2.D　　3.D　　4.C　　5.A　　6.C　　7.C　　8.C　　9.A

10.D　　11.D　　12.B

四、简答题（略）

第十一章　物质代谢的联系与调节

一、名词解释（略）

二、填空题

1.乙酰 CoA　三羧酸循环

2.细胞水平　激素水平　整体水平

3.膜　胞内

三、单项选择题

1.C　　2.D　　3.B　　4.D

四、简答题（略）

第十二章　癌基因与基因治疗（略）

第十三章　血液的生物化学

一、填空题

1.清蛋白　α_1-球蛋白　α_2-球蛋白　β-球蛋白　γ-球蛋白

2.2,3-DPG

3.甘氨酸　琥珀酰 CoA　Fe^{2+}　　ALA 合酶

二、单项选择题

1.B　　2.A　　3.D

三、简答题（略）

第十四章　肝的生物化学

一、名词解释（略）

二、填空题

1. 糖原的合成　糖原的分解　糖异生

2. 激素的灭活

3. 溶血性黄疸　阻塞性黄疸　肝细胞性黄疸

4. 肝　胆汁酸

5. 胆绿素　胆红素　胆素原　胆素

三、单项选择题

1. D　　2. C　　3. B　　4. C　　5. D　　6. D　　7. A　　8. B　　9. C

10. D　　11. A　　12. C

四、多项选择题

1. ABCDE　　2. ACDE　　3. ABDE　　4. ABD

五、简答题（略）

参考文献

[1] 查锡良.生物化学[M].7版.北京:人民卫生出版社,2008.

[2] 周爱儒.生物化学[M].6版.北京:人民卫生出版社,2003.

[3] 马如骏.生物化学[M].3版.北京:人民卫生出版社,2008.

[4] 章有章.生物化学[M].北京:北京大学医学出版社,2006.

[5] 刘粤梅.生物化学[M].北京:人民卫生出版社,2004.

[6] 潘文干.生物化学[M].6版.北京:人民卫生出版社,2009.

[7] 潘文干.生物化学学习指导及习题集[M].北京:人民卫生出版社,2009.

[8] 程伟.生物化学[M].北京:人民卫生出版社,2002.

[9] 赖炳森.生物化学[M].北京:中国医药科技出版社,2007.

[10] 医师资格考试专家组.国家医师资格考试习题精选与答案解析[M].北京:北京大学医学出版社,2009.

[11] 黄平.生物化学[M].北京:人民卫生出版社,2008.

[12] 沈同.生物化学[M].3版.北京:高等教育出版社,2008.

[13] 陈志文.医学生物化学与分子生物学[M].2版.郑州:郑州大学出版社,2004.

[14] 程伟.生物化学基础[M].郑州:郑州大学出版社,2007.

[15] 吕文华.生物化学[M].北京:高等教育出版社,2006.

[16] 张惠中.临床生物化学[M].北京:人民卫生出版社,2009.

[17] 谢敏豪,林文弢,冯炜权.运动生物化学[M].北京:人民体育出版社,2008.

[18] 黄刚娅,车春明.正常人体概论(生物化学分册)[M].北京:高等教育出版社,2005.